艺境无涯

汪裕雄 著

人民出版社

责任编辑:冯　瑶　陈鹏鸣
封面设计:肖　辉

图书在版编目(CIP)数据

艺境无涯/汪裕雄 著. -北京:人民出版社,2013.10
ISBN 978-7-01-012540-4

Ⅰ.①艺…　Ⅱ.①汪…　Ⅲ.①宗白华(1897~1986)-美学思想-研究
Ⅳ.①B83-092

中国版本图书馆 CIP 数据核字(2013)第 215243 号

艺境无涯
YIJING WUYA

汪裕雄　著

人民出版社 出版发行
(100706　北京市东城区隆福寺街 99 号)

北京汇林印务有限公司印刷　新华书店经销

2013 年 10 月第 1 版　2013 年 10 月北京第 1 次印刷
开本:700 毫米×1000 毫米 1/16　印张:13.75
字数:220 千字

ISBN 978-7-01-012540-4　定价:30.00 元

邮购地址 100706　北京市东城区隆福寺街 99 号
人民东方图书销售中心　电话 (010)65250042　65289539

引　言

和众多书斋型学者一样，宗白华（1897—1986）度过的，是单纯的学者、教授的一生，是少有起落与波澜，平静得近乎平淡的一生。

然而，平淡中自有其不平淡者在。从21岁（1918年）加入"少年中国学会"时起，他便发愿为建设未来中国的新文化而奋斗终生。在此后六十余年的漫长岁月里，他对此矢志不移，坚持着，默默从事着他以为应做的那份工作。他有意避开政治旋涡的裹挟，以边缘地带自处，不求闻达，甘于淡泊。唯独对他那点学问——艺术境界的追索，念兹在兹，至死难忘。

1986年9月，在行将辞世的3个月前，他为自己的文集《艺境》，写下了这样一篇《前言》：

> 闻笛、江溶等同志，受文艺美学丛书编辑委员会委托，继我的《译文选》之后，又编辑了此书，这使我甚感欣慰。我虽终生情笃于艺境之追求，所成文字却历来不多，且不思集存，故多有散失。四十年前，偶欲将部分论艺之文集为《艺境》刊布，亦未能如愿。不想编者此次所集竟数倍于当年之《艺境》，费力之巨，可想而知。
>
> 尤当致谢的是，编者同时钩沉了吾早年所作之小诗，致使飘逝的"流云"得以复归。诗文虽不同体，其实当是相通的。一为理论的探究，一为实践之体验。不知读者以为然否？
>
> 人生有限，而艺境之求索与创造无涯。本书或可为问路石一枚，对后

来者有所启迪,则此生无憾矣!①

短短三两百字,却写得那样从容,那样丰满,是回念,是自省,也是对后来者的期冀,完全可以看做一篇辞世遗言。

他谦称毕生所作只是一枚“问路石”。在他,是深知这不过是一种尝试,成功与否还有待历史的检验;在后人,却不能不钦佩他投石问路的勇气,因为投石问路,往往不失先导之功。

“艺境”,是对“艺术意境”又名“艺术境界”的简称,属于中国美学的古老范畴。试图对它作现代诠释的,从王国维开始,可谓代不乏人。但比较而言,像宗白华那样倾毕生精力于这一课题,积六十余年之沉思探索而系统提出自己的“艺境”新说的,唯其一人而已②。在“艺境”问题上,他沉潜涵泳,比别人拓展得宽些,开掘得深些,对后人的启迪也更大一些。经他的手,“艺境”的古老范畴被注入现代精神,焕发出新的生命。这是传统美学的再生,是宗白华自己的美学。如同我在一些场合表示过的:宗白华的美学,是一种境界美学。

如果说这一美学是“问路石”,那它便是非同寻常、特具分量的“问路石”。它以独特的视角、独特的个性色彩,为我们探寻着传统美学现代重建的道路。

宗白华艺境诠释的取向是哲学沉思。他善于在哲学和艺术学的中间地带自如驰骋,博观约取。他从“艺境”的范畴出发。多向度辐射,展开他的追索:

由艺境,直探它的文化哲学底蕴,进入对传统文化的批判,进入跨文化的比较与反思;

由艺境,追究艺术之所以成为艺术的基本特征,捉住情感与形式两元,空灵与充实两元,对艺术的创造与欣赏,作系统的探讨;

由艺境,这一众多艺术门类所归趋的理想,推及中国传统美学以审美境界为最高人生境界的根本特点,复由审美态度,推及人生态度,最终指向理想人格的建构;

艺境的追索,还转换为艺境的创造,化作美丽灵动的“流云”,为作者赢来

---

① 《宗白华全集》第3卷,安徽教育出版社1994年版,第623页。

② 宗先生美学处女作《美学与艺术略谈》(1920年)提出艺术的境界问题,至《艺境·前言》(1986年)申明“终生情笃于艺境之追求”,对艺境的求索和创造,成为贯串宗先生全部学术、艺术活动的主线,越时68年。

“五四诗人”的声名……

人们可能以为，宗白华既是诗人—美学家，他的美学就理所当然应是诗哲相兼的美学。其实，宗白华用诗性语言来表述自己的思想，不仅仅是他的性分使然，而且是他苦心选择的一种自觉追求。他认定“将来最真确的哲学就是一首‘宇宙诗’”①。他的境界美学即是他的“宇宙诗”，他的境界美学也是他的“宇宙哲学”。诗哲相兼而又注目于宇宙人生，他的美学才显得那样赅博渊放，汪洋恣肆，酷似庄子。

这就苦了许多读宗者。初上手，如诗如画，能见作者性情，好读之至；待加思索，便觉如面临帝释珠网，层层互映，意蕴难穷。如欲稍加董理，便不免有治丝愈棼之叹。这好比读《庄子》，读时易得心悦神游的愉快，但若想在学理上寻出庄学端绪，或者向别人介绍读庄的心得，便不免常常陷入困惑甚至苦恼之中。宗白华擅长于体悟，而体悟，正可以意会而难以言传。也正是这类难于言说的玄思，成为宗白华美学中最引人入胜的所在。

我对宗白华美学的研习，有一个过程。从1980年冬，有幸第一次也是最后一次聆听宗先生的美学一席谈之后，先生的学术风范便深深吸引着我。此后虽与先生再无缘得见，但他的《美学散步》却成为我案头必备之书，我学术心灵的亲密伴侣。1994年，安徽教育出版社出版《宗白华全集》，得窥先生学术崖略，始知过去所悉，不过冰山一角。尤其书中《形上学》一文，帮助我从深层文化哲学根基上返观其美学思想，一时茅塞顿开。当时，我刚忙完《意象探源》的写作，见到文中关于“象”的一段警言，读来直如醍醐灌顶：

> 象者，有层次，有等级，完形的，有机的，能尽意的创构。②

这不正是我兀兀穷年，梦寐以求，想得出而终于未能得出的结论么？如果我能及早得到宗先生的启示，我那两本关于意象的小书，也许构思就不会那么艰难，表述也不致那么粗拙了。

于是，我毅然中断原有的计划，决心补上宗白华美学这一课，自1996年起，我便和自己的学生共同研读，我导读，学生讨论。连续五届教学，于是有了眼前这一本小书。

---

① 《宗白华全集》第1卷，安徽教育出版社1994年版，第240页。

② 《宗白华全集》第1卷，第636页。

书名借用宗先生的名言。副题标出“臆解”,倒不是为逃避文责而预为推脱,只是表明作者不想强作解人,唯求写出个人读宗心得,作些粗浅诠解而已。书中依宗先生提供的线索,也述及若干新的材料,对宗说或有补证,或有发挥。至于是否乖违原意,那就只有请读者诸公评断了。

第一章　从文化批判走向艺境求索

宗白华美学,不止在阐明美与艺术的理想境界,而是试图由此建立一种以审美为中心的理想文化类型。由审美上达文化,复自文化反观审美,两者互证互释,既为中国现代美学开辟出文化学的新视角,也为中国现代文化研究拓展出一片文化哲学的新天地。

宗白华着眼于传统——传统的艺术和传统的文化。他善于从传统艺术的最高成就——境界中,寻绎出民族文化的理想——一种自然与文化调和,“人与天调”的和谐精神。但这并非宗先生的最终目标。对这一理想作具有现代意识的反思和自省,求取传统文化在今日中国的重建之路,这才是他全部学术探讨的旨归。宗先生的美学思想之所以显得特别渊深,令人涵泳不尽,甚至被国外学者叹为“无底洞”①,道理就在这里;这一美学思想之所以在中国现代史上独树一帜,至今仍葆有旺盛的生命力,道理也在这里。

关于这个特点,先生自己作过精要的说明:

> 现代的中国站在历史的转折点。新的局面必将展开。然而我们对旧文化的检讨,以同情的了解给予新的评价,也更形重要。就中国艺术方面——这中国文化史上最中心最有世界贡献的一方面——研寻其意境的特构,以窥探中国心灵的幽情壮采,是民族文化底自省工作。②

---

① 顾彬(Wolfgang Kubin):《美与虚》,《美学的双峰》,安徽教育出版社 1999 年版,第 382 页。

② 《宗白华全集》第 2 卷,安徽教育出版社 1994 年版,第 359—360 页。

“民族文化底自省”，即所谓“文化批判”（宗先生当年译为“文化批评”），是20世纪初叶德国兴起的人文研究新潮。宗先生当年将它引进中国，确乎开风气之先。然而通观全国，在20世纪前半叶，宗先生的文化批判，尤其是从审美和艺术切入的文化批判，理解者已为数不多，响应者更属寥寥。20世纪80年代以来，中国面临又一个新的历史转折点。随着传统文化现代化问题日益紧迫地提在人们面前，“文化自觉”的呼声日趋高涨，文化批判已经成为学界广泛关注的课题。在这样的学术情势下，将最早从事文化批判的宗先生作一个案分析，看他如何走上文化批判之路，如何从事文化批判，就有了显见的现实意义。

第一节　走向“文化批判”之路

1930年下半年，当宗白华踏上德国国土，开始留学生涯的时候，“文化批判”的新思潮正风靡德国。这给年轻的宗白华以极深的震撼。他很快作出反应，并为自己的学术取向，作出关乎一生的重要抉择：

> 因为研究的兴趣方面太多，所以现在以“文化”（包括学术艺术伦理宗教）为研究的总对象。将来的结果，想做一个小小的“文化批评家”，这也是现在德国哲学中一个很盛的趋向。所谓“文化哲学”颇为发达。我预备在欧几年把科学中的理、化、生、心四科，哲学中的诸代表思想，艺术中的诸大家作品和理论，细细研究一番，回国后再拿一二十年研究东方文化的基础和实在，然后再切实批评，以寻出新文化建设的真道路来。①

这是果断的抉择，也是庄严的承诺。如我们所看到的，在此后六十余年的学术生涯中，宗先生一直信守早年诺言，孜孜不倦地耕耘在艺术与文化这个中间地带。从他返国执教，登上美学讲坛那天起，他就把“人生”与“文化”列为美学研究的两大对象②，直到生命的最后时刻，即临终前的两个月，他为穆纪光主编的《中国当代美学》题词，仍念念不忘强调“美是中国文化史的一个重

① 《自德见寄书》，《宗白华全集》第1卷，第335—336页。

② 《美学》讲稿列出“美学之对象”为“人生方面”和“文化方面”。《宗白华全集》第1卷，第449—450页。

要组成部分”①。终其一生，他智慧的目光始终不离文化批判这个方向。

像宗白华那样，学术方向一经确立便矢志不渝、至死靡它的学者，并不多见。这固然出于他视学术为生命，视学术选择为人生最严肃选择的这一至情至性，同时也表明，文化批判的学术取向，在他是经过深思熟虑而久蓄于心的愿望。德国新思潮的激荡，不过是加速他学术思想新芽的萌发，使之及早破土而出罢了。

参加少年中国学会，是宗先生关注未来中国新文化建设的起点。作为“少年中国学会”的早期骨干②，他是少数对自己肩负的文化使命有过缜密思考的一个。《问祖国》这首诗，袒露着宗先生当年的心态：

祖国！祖国！/你这样灿烂明丽的河山，/怎蒙上了漫天无际的黑雾？/你这样聪慧多才的民族，/怎堕入长梦不醒的迷途？/你沉雾几时消？/你长梦几时寤？/我在此独立苍茫，/你对我默然无语。③

万方多难，满目疮痍，为拯救“长梦不醒”的祖国，诗人苦苦寻思，忧心如焚。然而就在此时，一个代表中华民族“少年气象”的文化社团——“少年中国学会”诞生了。学会主要发起人之一的王光祈，很快赢得宗白华的信任和钦佩，王光祈所制定的学会宗旨——“振作少年精神，研究真实学术，发展社会事业，转移末世风气”④，得到宗白华的竭诚拥护。他赞同王光祈的主张，拒绝一切政治活动，从纯学术研究入手，建设“少年中国”。乃至 1925 年学会拟议改组征求成员意见时，宗白华仍主张学会性质应为“纯粹研究学术之组织”⑤。

宗白华把自己的全部精力集中在“少年中国精神”的建设上。在新文化

---

① 《美学》讲稿列出“美学之对象”为“人生方面”和“文化方面”。《宗白华全集》第 3 卷，第 324 页。

② 在“少年中国学会”筹建阶段，宗先生即已在上海参与相关活动。1919 年 7 月 1 日学会成立，即被推举为评议部成员和会刊《少年中国》月刊编辑部成员。

③ 《宗白华全集》第 1 卷，第 40 页。

④ 这一宗旨系该学会筹备期间所提出，1919 年 7 月学会成立时，即按李大钊等人建议，改为“本科学的精神，为社会的活动，以创造少年中国”。实际上，对于“社会活动”是否包括现实政治活动在内，会员间颇有分歧，随着彼此政治上歧见加深，终导致学会的分裂，至 1925 年夏，学会即中止活动。

⑤ 戴逸主编：《中国近代史通鉴 · 五四运动与国民革命》，红旗出版社 1997 年版，第 1058 页。

的三个组成部分——物质文化、社会文化（即今日所谓“制度文化”）、精神文化之中，物质文化的建设当“取法欧西，根基科学”，“此事重在实行”，已毋庸争论[①]；制度文化方面，虽已有了民主政体之名，但却名不副实，贻笑世界，原因在于中国人道德智识程度不够。所可行者，“还是从教育方面去健进国民道德智识的程度，振作独立自治的能力，以贯彻民主政体的精神”，此外别无他法[②]。宗白华意欲全力以赴的，是精神文化的建设，用他自己的话说，就是创造“新国魂”。[③]

宗白华越过物质文化、制度文化两层面而直取精神文化，固然是他纯学术研究的意向使然，但也暗合着近代中国借学习西方以救亡图存的历史程序。从 19 世纪后半期起，先进的中国人，历尽千辛万苦，向西方“取经”，已走过“以制器为先”的洋务运动、以政治改良为特征的维新变法两个阶段，恰好是在物质文化和制度文化两个层面作了尝试。可是结果无情，一一归于失败。历史将精神文化层面的问题凸显出来，于是“五四”新文化运动的前驱者遂有改造国民精神、实现“最后觉悟”的呼吁。[④] 宗白华从自己独有角度（非政治、纯学术），顺应了历史潮流，回应着时代呼声。

至于新的精神文化当如何建设，宗白华有自己的特识。和“五四”时期许多新文化论不同，他不仅看到中西文化有时代性的不同，有新旧之异，而且充分估计到两者有民族性的分野，有中西之别。他试图综合时代性与民族性两种因素来思考中国精神文化的走向，以建设中西融汇而不失中国民族个性的新文化。

宗白华剀切地指出，中国现在的精神文化，不论学术、艺术还是道德，都已被欧美所超越，亟须向西方学习，但是“中国旧学说、旧道德、旧艺术中，实有很多精华不可消灭的，我们创造新文化正是发挥光大这种旧文化”[⑤]。因此，“我们现在对于中国精神文化的责任，就是一方面保存中国旧文化中不可磨

---

① 《宗白华全集》第 1 卷，第 101 页。

② 《宗白华全集》，第 104 页。

③ 《宗白华全集》，第 104 页。

④ 陈独秀《吾人最后之觉悟》（1916）：“伦理（按指‘自由平等独立’）之觉悟，为吾人最后觉悟之最后觉悟。”

⑤ 《宗白华全集》第 1 卷，第 103 页。

灭的伟大庄严的精神，发挥而重光之，一方面吸取西方新文化的菁华，渗合融化，在这东西两种文化总汇基础之上建造一种更高尚更灿烂的新精神文化，作世界未来文化的模范，免去现在东西两方文化的缺点、偏处。这是我们中国新学者对于世界文化的贡献，并且也是中国学者应负的责任。”①由于清醒地估计到中西文化各有其优长与缺憾，所以他反对将中西文化简单归结为或旧或新，更反对单纯以新旧论优劣，从而达到对于新旧文化关系的一种辩证理解："我们所谓新，是在旧的中间发展进化，改正增益出的，不是凭空特创的……我们所谓新，即是比较趋合于真理而已。学术上本只有真妄问题，无所谓新旧问题。我们只知崇拜真理，崇拜进化，不崇拜世俗。所谓新，古代发明的真理，我们仍需尊重，现在风行的谬说，我们当然排斥。”为此，他语重心长地提醒："望吾国青年注意于此，凡事须处于主动研究的地位，勿趋于被动盲目的地位。”②而“主动的研究”，无疑要求研究者具有起码的文化自觉：既不盲从本民族传统，也不盲从西方新文化，能以独立的眼光对两种文化都作出检核和别择。这实际上预设了文化批判的任务。在“五四”期间，宗先生的这种文化态度，既有别于极端的反传统主义，也有别于保守的本土主义，似乎曲高和寡，孤掌难鸣，但却与德国现代“文化哲学”的探讨，一拍即合。

“文化哲学”思潮在现代德国的兴起，有深厚的渊源，它是德国古典哲学中浪漫精神的现代回响。18—19 世纪德国哲学上的浪漫精神，敏锐地感受到近代物质文明导致人性分裂而带来的时代伤痛，试图将面向外部世界的理性转向于人自身，为人文研究开拓新的天地。百年之后，到了 19 世纪 20 世纪之交，随着工业文明走向成熟，现代社会中人的感性与理性、个体与社会、人与自然的脱节和对峙，以更尖锐的方式呈现出来，人生的意义与价值如何看取的问题，更紧迫地提在学者们面前。于是，号称“浪漫主义新哲学”的生命哲学倡导者及部分新康德主义者，起而为人文研究寻求哲学基础，使人自身的研究得以和自然科学并驾齐驱。这就是德国人所称的“文化批判”。其主旨是：通过对传统哲学的反思，拯救和发掘西方哲学的人文精神，从而为人文研究奠定基

① 《宗白华全集》第 1 卷，第 102 页。关于以中国新文化为“世界未来文化的模范”的观点，后来宗先生已作根本修正，转而主张各民族文化能“各尽其美，而止于其至善”。《宗白华全集》第 2 卷，第 243 页。

② 《宗白华全集》第 1 卷，第 103 页。

础。部分新康德主义起而批判科学万能，批判在人文领域简单搬用自然科学方法，特别是机械因果论，目的也在于此。德国哲学浪漫精神的百年行程，顺理成章地从康德“理性的批判”推进到“文化的批判”的新阶段。①

“五四”期间的宗白华，深受德国哲学浪漫精神的熏陶，对上述学术走向已有初步领略。如所熟知，宗白华此时已研习过康德、叔本华、歌德的哲学，每一位在他的“精神人格上都留下不可磨灭的印痕”②；他还倾心于浪漫派的诗作，耽读过席勒、歌德、荷尔德林、诺瓦利斯等人的佳篇。更有材料表明，宗白华曾追踪德国哲学的现代进展，关注到新康德主义和生命哲学。西美尔（Ceorg Simmel, 1858—1918）、李凯尔特（Heinrich Rickert, 1863—1936）等人为人文研究寻求哲学基础的努力，他们对“科学万能”思想的批判，生命哲学巨擘奥伊肯（Rudolf Eucken, 1846—1926，曾通译为“倭铿”）以“热烈的情感，探究人生实际的价值和意义”的学术意向，都得到他由衷的激赏③，蕴涵其中的对西方文化传统的系统反思和检核——即“文化批判”的倾向，自然已在他年轻的心田植下深根。

《三叶集》表明，早在“五四”之前，德国现代新潮，已激荡着宗白华的心胸，促使他去思考未来学术道路的取向了。1920 年，宗白华在给郭沫若的信中谈到：

> 以前田寿昌在上海的时候，我同他说：你是由文学渐渐的入于哲学，我恐怕要从哲学渐渐的结束在文学了。因我已从哲学中觉得宇宙的真相最好是用艺术表现，不是纯粹的名言所能写出的，所以我认将来最真确的哲学就是一首“宇宙诗”，我将来的事业也就是尽力加入做这首诗的一部分罢了。④

这番谈话，最迟应该在 1919 年，因为这一年，田汉曾自日本返归上海，与宗白华有“匆匆一聚”。⑤

---

① 卡西尔：《符号形式的哲学》。转引自甘阳：《从“理性的批判”到“文化的批判”》，卡西尔：《语言与神话》中译本代序，见该书，三联书店 1988 年版，第 6 页。

② 《宗白华全集》第 2 卷，第 151 页。

③ 《答陈独秀先生》，《宗白华全集》第 1 卷，第 147—148 页。

④ 《宗白华全集》，第 240 页。

⑤ 《致寿昌君左函》，未署年份月日。原刊《少年中国》第 1 卷第 2 期，1919 年 8 月 15 日出版。

宗白华由哲学转向文学，令人想起王国维类似的经历。1907年，王国维在《三十自述》中回顾道，他三十岁前后的二三年中，曾有过因“疲于哲学”而转向文学的痛苦选择：

余疲于哲学有日矣。哲学上之说，大都可爱者不可信，可信者不可爱。余知真理，而余又爱其谬误。伟大之形而上学，高严之伦理学与纯粹之美学，此吾人所酷嗜也。然求其可信者，则宁在知识论上之实证论，伦理学上之快乐论，与美学上之经验论。知其可信而不能爱，感其可爱而不能信，此近二三年中最大之烦闷，而近日之嗜好，所以渐由哲学而移于文学，而欲于其中求直接之慰藉者也。

其所说“可爱者”，指的是以叔本华为代表的人文主义倾向；所说“可信者”，是指以英国经验论哲学为代表的科学主义倾向。他早先倾心于哲学，本为解决“人生问题”。① 而他所涉猎的西方哲学，人文主义虽切近人生，但多非理性的玄想，缺乏可信性；科学主义虽重实证，却又远离人生，并不怎么可爱。西方哲学中人文主义与科学主义的分立，科学与人生的脱节，使渴望解决人生问题的王国维对其深感失望，不得不与之挥手告别。

年青的宗白华不再有类似的哲学困惑。他的心灵生活，是在德国浪漫主义精神的养育下成长的。专心研习和潜心于德国古典哲学和浪漫主义文学，使他形成一贯看法：“只有德国精神才真正禀有浪漫气质。”②这种浪漫气质，表现为对人生价值意义、对人生理想的不倦追求。有材料表明，宗白华在赴德留学之前，就已经关注德国浪漫精神在19世纪20世纪之交的新进展——新康德主义和生命哲学的思潮。

新康德主义，由F.A.朗格所倡始，其代表作《唯物主义史》的主旨，虽是从认识论角度批判机械唯物主义，但他所持论据之一，便是机械唯物主义无法解决人生价值与意义问题。在他看来，追究人生价值，不能离开人生理想：世界上有一件事是确切不移的，这便是每个人都要聚精会神，创造一种理想的世界，以弥缝现实的不足。”“我们必须运用想象的伟力，创造一种更完美的世界，把人生都理想化呀”。“合理的世界简直是诗的意境。惟其如此，所以才

---

① 《静庵文集续编·自序》，《静庵文集》，辽宁教育出版社1997年版，第160页。

② 刘小枫：《诗化哲学》，山东文艺出版社1986年版，第6页。

有它的价值与尊严。"①他那个为宗白华所心折的口号——"哲学就是宇宙诗",正是主张哲学的诗化,主张哲学关切人理想中的合理世界。后来的新康德主义者尽管派别繁多,见解不一,但巴登学派的李凯尔特竭力反对将自然科学方法用于人文研究,努力为其奠定以价值论为特色的方法论基础;马堡学派的卡西尔将研究重心从自然科学转向人文研究,倡扬"文化批判",建构"人类文化哲学",都同样表明,新康德主义并不曾割断浪漫精神的血脉。

至于以狄尔泰为首的生命哲学,更在哲学上为生命(德文 Leben,兼有生命、生活两义)争得本体地位,主张从生活的体验出发,来探求生命的意义和价值。"人的生活可有意义和价值?"成为生命哲学的头号课题。② 奥伊肯更将生命归结为人的精神生活,它的本质就是要超越自身,超越自然与理智的对立,达到两者的统一,达到与"大全"的一致。精神生活既是主体自我的生活(生命),因为它植根于个体心灵;同时又是客体宇宙的生活(生命),因为它可以超越主观个体,接触到宇宙的广袤与真理。艺术通过直接体验展现生活理想,它作为精神生活的确证方式而倍受生命哲学家宠爱。正如奥伊肯所指出:"艺术的贡献不可少,因为任何新的理想,只有借助于想象和艺术的形式,才能成为非常生动的和持续的,从而引导和影响生活。"③这同样是浪漫主义精神的嗣响,因而它曾被视为"浪漫主义新哲学"。

在 19 世纪 20 世纪之交,新康德主义和生命哲学在人文研究领域共同表现出从自然科学走向人文科学,从认识走向价值论的明显趋势。宗白华深受这一趋势的影响,他在 1920 年发表的《新人生观之我见》,留下了这种影响的最初印痕。他认为,新文化运动的任务,在于为中国"一般平民"养成精神生活,理想生活,超现实生活的需要,为他们提供新的人生观。在提倡"科学的人生观"的同时,他更重视一种"理想的艺术的人生观",即"积极地把我们人生的生活,当作一个高尚优美的艺术品似的创造,使它理想化,美化"。④ 宗白

① 转引自方东美:《哲学的缘起与意义》,见《生命理想与文化类型》,中国广播电视出版社 1992 年版,第 41—42 页。

② 鲁道夫·奥伊肯:《生活的意义与价值》,上海译文出版社 1997 年版,第 1 页。

③ 奥伊肯:《生命的意义与价值》,上海译文出版社 1997 年版,第 95 页。

④ 《宗白华全集》第 1 卷,第 222 页。

华所说的“真确的哲学是一首‘宇宙诗’”，其着眼点，实是以生命哲学的精神，去追求人生的理想化与美化。

因此，同样是由哲学转向文学，在王国维和宗白华那里，有着完全不同的意义。在王国维，是意味着放弃哲学研究转而从文学中获得精神慰藉；在宗白华，则意味着神化自己的哲学思考，以追随德国浪漫精神的最新进展。这两件事，相隔不过十年。然而十年之间，中国学者追赶西方哲学进展的步伐，是越来越急速了。

宗白华立志献身于中国新文化建设，但他决不做困守书斋的书呆子。他信从叔本华关于“哲学者应当在宇宙底大书中研究”的慧见，早就起意“去欧洲作一番欧洲文化底研究”①，以亲眼浏览“这欧土文化的大书”②。他以德国为留学目的地，正是为了深化自己原本得自书本的对德国文化的理解，其中不排除探明德国文化走向的动机。因此，当他刚到德国就遇上文化哲学与文化批判的新潮扑面而来的时候，一种“先获我心”的快慰便油然而生。而他与新思潮一拍即合，也就在情理之中了。

第二节　中西对流中的文化选择

出国前的宗白华，对德国的文化哲学与文化批判虽已粗具了解，但对由此而引发的西方人对自身文化的危机感和对东方文化的渴求，却缺乏亲身的体会。到了德国，彼邦人对中国文化兴趣之深浓，出乎他的意料，使之惊喜不置。

向东方文化学习的风尚，在第一次世界大战前后的德国特别盛行。有感于物质主义的、扩张性的欧洲精神曾给人类带来世界大战的深重灾难，德国（含德语国家）的有识之士，纷纷把自己的视线投向东方文化。正如著名心理学家荣格（Carl Jung，1875—1961）所形容：

> 东方的精神的确拍打着我们的大门。我觉得，在我们这里。实现这种思想、寻求天道，已成为一种集体现象，这种现象来势之猛，超过了人们

---

① 《宗白华全集》第1卷，第290页。

② 《宗白华全集》第1卷，第431页。

一般的想象。①

一时间,“奔向亚洲”竟成了一种“时代特征”。②

诚然,学习东方的思潮不自20世纪始。早在18世纪,德国便出现过“中国热”。从莱布尼兹(G, Von Leibnlz, 1646—1716)开始,一批德国哲学大家——康德(Immanuel Kant, 1724—1804)、赫尔德(J. G. Herder, 1744—1803)、黑格尔(Georg Wilhelm Friedrich Hegel, 1770—1831)以及谢林(FIidlich Wheleam Schelling, 1775—1854)等人,都先后以惊讶的心情关注中国文化,争相论说短长。他们或者对中国的“实践哲学”推崇备至,如莱布尼兹③;或者视“中国人的意识”为“一块没有生气的化石,有如史前状态的一具木乃伊”,如谢林。④ 但不论褒扬还是贬抑,都终因对中国文化了解过于肤浅而不免形成隔膜和误解。他们的资料来源,主要是早期来华传教的耶稣会传教士写回欧洲的书信和报告。这些传教士一般在中国常遭冷遇,凭借他们片断的经验观察,自然难以窥见中国文化的真相。

20世纪的“中国热”已是另一番景象。一大批中国文化典籍,包括《论语》、《孟子》、《老子》、《庄子》、《列子》、《周易》,在此时被译为德语;一大批著名学者如马丁·布伯(Martiu Buber, 1878—1965)、卡尔·雅斯贝尔斯(Karl I Jaspers, 1883—1963)等人都曾热衷于中国文化研究,其中还出现了理查德·威廉(Richard Wilhelm, 1873—1930)这样杰出的汉学家。⑤ 这时不少德国学者开始突破“欧洲中心论”的狭隘眼界,痛感自身文化有“修正方向”的必要,因而能以跨文化比较的冷静眼光看待中国文化。有如理查德·威廉1921年在《守护神》杂志发表的《来自东方的光芒》一文所述,欧洲文化精神

① 1930年5月10日荣格在理查德·威廉追悼会上的讲话,见所著《心理学与文学》,冯川、苏克译,三联书店1987年版,第255页。此处引用的系夏瑞春《德国思想家论中国·编者后记》第278页的译文,江苏人民出版社1989年版。

② [奥]霍夫曼斯塔尔语。转引自卫茂平《中国对德国文学影响史述》,上海外语教育出版社1996年版,第325页。

③ [德]夏瑞春:《德国思想家论中国》,江苏人民出版社1989年版,第5页。

④ [德]夏瑞春:《德国思想家论中国》,第165页。

⑤ 理查德·威廉,中文名卫(尉)礼贤。德国同善会传教士,汉学家。1899—1924期间客居中国,长达25年之久,曾出任德国驻华使馆文学顾问和北京大学教授,1924年返国作为汉学教授执教,并任法兰克福中国研究所所长。

的特征是“对外渴求”，倾向于对客观世界的探索，人们通过认识制约自己的因果规律，以强力控制客观事物，其弊端是导致对人的忽视和对强权的依赖；东方精神的特征是内倾，它更为沉郁而非扩张，“对它来说，人是最重要的探索对象”。因此。向东方学习，使“内在世界、人、生活艺术和组织重新进入意识的中心。这就是我们所需要的来自东方的光芒”①。

和18世纪的德国人注重评介孔子和儒家学说不同，在20世纪的德国，人们评介的热点，已转向老子及道家学说。德国部分青年组织成文化团体，“咸奉老子为宗师，以求智慧，《道德经》一书，已成今世东西文化沟通汇合之枢纽。20世纪开幕以来，在德国翻译《道德经》出版者，已有8家之多”②。德国学者潘维茨(Rudolf Panwitz, 1881—1969)甚至宣称：“古东方老子之所倡者，乃全宇宙之宗教。”③当年德国社会崇尚老子的风气，宗白华在给郭沫若的信中，曾引用德国报刊的言论作过这样的描述：“老子的思想直接道着欧洲近代社会的弊病，所以极受德国战后青年的崇拜；战前德国青年在山林中散步时怀中大半带了一本尼采的《查拉图斯特拉》(*Zarnthustra*)，现在德国青年却带老子的《道德经》了。”④

不难想象，宗白华初到德国耳闻目睹的那股欧洲文化“奔向亚洲”的潮流——即宗氏《自德见寄书》所称的“反流”——势力是何等强劲。它和中国本土汹涌着同样强劲的“倾向西方文化”的潮流，相映成趣，构成东西文化“对流”的壮观。被深深卷入“对流”旋涡的宗白华，并未陶醉在欧洲学者对东方文化的赞美声中，他冷静地思索中西文化“对流”的意义，对东西方文化的异质性，有了新的认识：

东方的精神思想可以以“静观”二字代表之。儒家、佛家、道家都有

---

① 转述自卫茂平：《中国对德国文学影响史述》，上海外语教育出版社1996年版，第330—331页。

② 吴宓：《孔子老子学说对德国青年之影响》，《学衡》杂志第54期，1926年6月出版。此文系对德人雷赫完(Adolf Reichwain)所作《18世纪中国与欧洲文化交通史略》一书绪论(题为《东方圣贤学说对于今世青年之影响》)的评述。

③ 潘维茨：《世界宗教论》，德国《精神文明与国民教育》杂志，1921年7、8月号，第156页，转引自吴宓：《孔子老子学说对德国青年之影响》，《学衡》杂志第54期。

④ 宗白华1923年初致郭沫若信中引德国《文艺月刊》所载《亚洲之魂灵》一文语。《郭沫若论中德文化书》，《宗白华全集》第1卷附录，第346页。

这种倾向……这种东方的“静观”和西方的“进取”实是东西文化的两个根本差点。

欧洲大战后疲倦极了,来渴慕东方“静观”的世界,也是自然的现象。中国人静观久了,又破开关门,卷入欧美“动”的圈中。欲静不得静,不得不随以俱动了。我们中国人现在乃不得不发挥其动的本能,以维持我们民族的存在,以新建我们文化的基础。

东西虽对流,其原因不同。一是动流趋静流,一是静流趋动流。①

以“主静”与“主动”区别东西方两种文化,在德国和中国,都算不上新鲜的观点。尼采(Friedrich Nietzsche,1844—1900)就说过,为了“帮助焦躁不安和精疲力竭的欧洲”,急需请中国人为之“输入一些亚洲式的宁静和沉思”。②借东方文化之“宁静”以纠正西方文化之“躁动”,到20世纪初的德国,可能已为更多德国学者所认同,老子“返回自然”和“清净为主”的思想盛极一时,就是证明。而此时的中国,新文化运动的先驱者,虽然也用动静二端区别东西文化,其取向却与德国人相反:“东西文明有根本不同之点,即东洋文明主静西洋文明主动是也。”鉴于东方静的文明“已处于屈败之势”,因此中国人“当虚怀若谷以迎受其彼动之文明,使之变形易质于静的文明之中,而别创一生面”③。此即宗白华所云:“由静流趋动流。”

今天看来,举“动静”二端以界定东西文化的特质,自然有失肤浅和简单,但中西双方对于“动静”二者不同评价和截然相反的取向,却把未来文化究竟向何处去的问题,以十分尖锐的方式提在人们面前。任何一位关心中国未来文化前途的学者,都必须对此作出自己的回答。

宗白华的答案是明确的。他本着建设“少年中国”精神文化的初衷,依然走中西会合融化的建设之路。不过,他受欧洲“反流”的影响,坚持中国民族文化独立个性的立场反而更其“顽固”,他已能从民族文化多元论的角度来思考新文化建设问题:

---

① 《自德见寄书》,《宗白华全集》第1卷,第336页。

② 尼采:《朝霞——关于道德成见的思想》(1881),转引自卫茂平《中国对德国文学影响史述》,上海外语教育出版社1996年版,第281页。

③ 李大钊:《东西文明之根本异点》,《李大钊全集》(上),人民出版社1984年版,第560页。

> 我以为中国将来的文化决不是把欧美文化搬了来就成功。中国旧文化中实有伟大优美的，万不可消灭……我实在极尊崇西洋的学术艺术，不过不复敢藐视中国的文化罢了。并且主张中国以后的文化发展，还是极力发挥中国民族文化的“个性”，不专门模仿，模仿的东西是没有创造的结果的。①

从此，致力于发挥中国民族文化的“个性”，成为宗白华从事文化批判的重心。如像我们在他此后的著述中看到的，参照西方文化以阐释中国民族文化的真精神、真蕴涵，成了他全部学术工作的中心课题。

第三节　倾心于艺境诠释

宗白华起初是从哲学研究介入新文化运动的。留德伊始，他向“少年中国学会”报告自己的志愿，“终身欲研究之学术”即为“哲学、心理学、生物学”。“终身欲从事之事业”及“将来终身维持生活之方法”则为“教育”。② 学成归国之后，献身于教育的志愿是不折不扣地实现了，他毕生没有离开过大学讲坛；但他所研究的学术，则有所转向，除了哲学，他更倾心于美学和艺术学。

这一学术转向，到底是怎样发生的？

这首先是宗白华哲学研究深化的结果，或者说，是他哲学研究的自然延伸。

宗白华本来极富于诗人气质。接引他步入哲学殿堂的，又恰恰是充溢着浪漫精神的德国哲学——一种诗性哲学。自然是伟大的艺术品，人生应是诗意的人生，这是自康德、歌德开始至20世纪初的生命哲学反复吟唱的主调。与此同时，艺术哲学被提到全部哲学大厦的“拱心石”的地位（如谢林），“哲学”被视作为“宇宙诗”。③ 正像卡西尔转述施莱格尔的见解时所说：“把哲学

① 《自德见寄书》，《宗白华全集》第1卷，第336页。

② 《宗白华全集》第1卷，第321页。又据魏时珍自法兰克福致左舜生等人信，宗白华入法兰克福大学所选课程亦为哲学、心理学、生理学。见《宗白华全集》第4卷《附录》，安徽教育出版社1994年版，第692页。

③ 宗白华在《谈柏格森“创化论”杂感》一文中引述德国哲学家朗格（F. A. Lange，1828—1875）语：“哲学是宇宙诗。”见《宗白华全集》第1卷，第79页。

诗歌化,把诗歌哲学化——这就是一切浪漫主义思想家的最高目标。真正的诗不是个别艺术家的作品,而是宇宙本身——不断完善自身的艺术品。因此一切艺术和科学的一切最深的神秘都属于诗”①,深受这种精神浸润的宗白华,内心深处早就涌动着从事艺术哲学的愿望。本书前已引述,早在1920年初,他在给郭沫若的信中就表示过:他将由哲学转向文学,将自己的全部事业,归结为“宇宙诗”的一个组成部分。就在写此信的前后,宗白华曾连续发表《新诗略谈》、《新文学底源泉》、《美学与艺术略谈》等论文,尝试阐明自己的艺术观:“诗人底文艺,当以诗人个性中真实的精神生命为出发点,以宇宙全部的精神生命为总对象。”②若就主观方面而言,“艺术就是艺术家底理想情感底具体化,客观化,所谓自己表现(Selfexpression)”。③ 这类表述中融合着德国浪漫主义美学强调自我表现的特点,其中关于“宇宙的精神生命”的提法,令人想起德国生命哲学中关于生命本体论的论述,尤其是奥伊肯那个支持着人的生命,具有永恒活力的“大全”(the Whole)。④ 关于艺术创造的实质,宗白华则归结为“意境”(“境界”)。诗的语言文字是诗之“形”,诗所表写的诗人的感想情绪——诗的“意境”,则是诗之“质”。⑤ 这里所说“感想情绪”又非庸凡的日常感绪,而是指艺术家的“理想情感”:“艺术底源泉是一种极强烈深浓的,不可遏止的情绪,挟着超越寻常的想象能力。这种由人性最深处发生的情感,刺激着那想象能力到不可思议的强度,引导着他直觉到普通理性所不能概括的境界,在这一刹那顷间产生的许多复杂的感想情绪底联络组织,便成了一个艺术创作的基础。”⑥通过想象力将情感提升到形而上的境界,不正是德国浪漫主义美学的理想所在么?宗白华承续其流风余韵,境界美学的浪漫主义气质,已经初见端倪了。

不过,宗白华深知,他这时所能贡献的只是“直觉中的见解”,易流于笼统、空泛、武断。他久已抱有一个“野心”,“想研究科学人生观与艺术人生观”

---

① 卡西尔:《人论》,甘阳译,上海译文出版社1985年版,第185页。
② 《宗白华全集》第1卷,第186页。
③ 《宗白华全集》第1卷,第204页。
④ 鲁道夫·奥伊肯:《生活的意义与价值》,万以译,上海译文出版社1997年版,第88页。
⑤ 《宗白华全集》第1卷,第182页。
⑥ 《宗白华全集》第1卷,第204页。

问题，只因为自感学识不逮而迟迟不曾着手①；他拟议写作的《歌德人生观与宇宙观》，也因同样的原因而"极难下笔"②。他在出国前给郭沫若的信中写道：

> 我今天草率地做了一篇《新文学底源泉》，很不满意，没有把我心中真实的意思说明白，后悔得很。自己修养与研究太少，非急速猛进不可。我现在预备用一番刻苦的功夫，研究生物学与心理学，再从这上面去研究哲学文学艺术，三年后，再看成绩如何？③

从信中犹疑未定的口气看来，出国前及刚到德国的宗白华，虽早有意于研究美学（美学正是哲学与文学艺术的结合部），但似未下最后决心。因此才会有向"少年中国学会"陈述志愿时将哲学、心理学、生物学列为"终身欲研究之学术"这一说。

促使宗白华日后全始全终地致力于美学和艺术学研究的，有两件事作用不可低估：一是他在1921年春转入柏林大学哲学系学习，曾受教于美学家、艺术学家玛克斯·德索（MaxDessoir，1867—1947）；一是他在1922年间一度诗兴大发，创作过小诗《流云》。

已有论者注意到，接受德索的美学洗礼，为宗白华转向美学和艺术学研究，产生过推力。④ 德索曾将艺术视作文化的一部分，论述过它与道德、宗教、科学的相互渗透与相互碰撞，肯定艺术具有"使感觉的精神化，精神的感觉化"的伟大功能，从而使尘世中人的生活得以"净化"，得以通向"更高的现实"。⑤ 这里提出的艺术在整个文化系统中的地位问题，无疑对早就关注及此的宗白华有强烈吸引力。返国后，他遵从德索的体系讲授美学，明确地将"文化方面"列为美学研究对象，使之与"人生方面"并列，可谓其来有自。

经过较长时间的研究，宗白华后来对于艺术在文化上的地位，形成了自己

---

① 《宗白华全集》第1卷，第223页。

② 《宗白华全集》第1卷，第240页。此文1920年初起意撰写，一直"不愿草率的写出"，至留学返国后第7年即1932年始告完成。宗白华撰写学术论著之精益求精，由此可见。

③ 《宗白华全集》第1卷，第267—268页。此信未标明日期，但《新文学底源泉》发表于1920年2月23日《时事新报·学灯》，此信日期当与此极近。

④ 桑农：《宗白华美学与玛克斯·德索之关系》，《安徽师范大学学报》2000年第2期。

⑤ 玛克斯·德索：《美学与艺术理论》，兰金仁译，中国社会科学出版社1987年版，第452页。

独特而鲜明的见解。他为总体文化的构成，绘出了下列图示：①

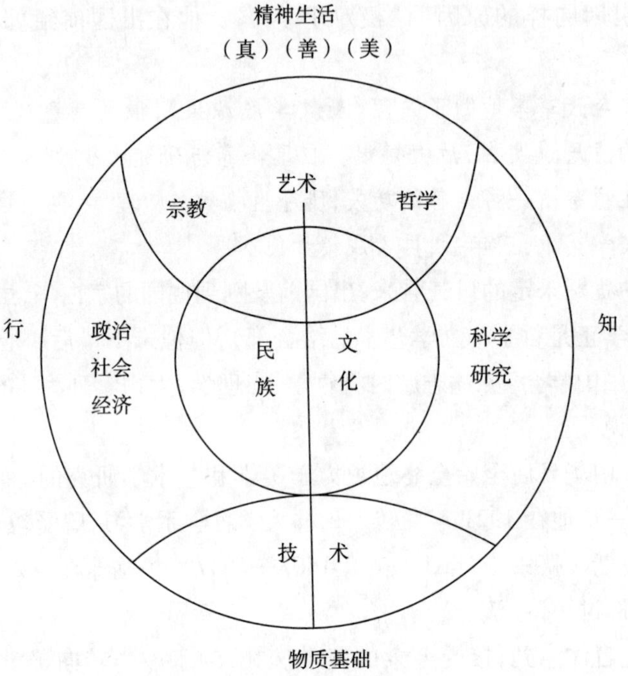

照图式，人类文化生活，建基于物质生活，经由“知”方面的科学，“行”方面的经济、社会、政治，扶摇而上，入于精神生活。“艺术”从左邻“宗教”获得深厚热情的灌溉，从它右邻“哲学”获得深隽的人生智慧、宇宙观念，而能执行“人生批评”和“人生启示”的任务。② “文艺站在道德和哲学旁边能并立而无愧。”③

在这个图式中，技术与艺术“实可连系成一个文化生活底中轴，而构成文化生活底中心地位，虽非最高最主要的地位。”④如果说，技术作为中介，将科学知识转为物质创造，用以满足社会经济需要，可视为物质生活水平的标识；那么，艺术则植根于物质技术和社会政治意识土壤之中，它有时代的血肉，而

① 《宗白华全集》第2卷，第346页。
② 《宗白华全集》第2卷，第347页。
③ 《宗白华全集》第2卷，第348页。
④ 《宗白华全集》第2卷，第181页。

它的“头”,伸进精神生活的天空,“指示着生命的真谛,宇宙的奥境”①,则是精神生活领域哲学与宗教、道德的中介,可以当作精神生活水平的标识。艺术在文化总体构成中地位如此,由艺术窥探总体文化风貌,由艺术精神透视文化精神,便是一条可行的、必多创获的学术路径。

《流云》小诗的创作,起于 1922 年 4 月,持续一年左右,有如昙花一现,从此不再。宗白华自称这次诗泉的奔涌受惠于冰心的启示:“读冰心女士《繁星》诗,拨动了久已沉默的心弦,成小歌数首,聊寄共鸣。”②而《繁星》最得宗白华激赏的是它诗哲相兼的特色:“意境清远,思致幽深,能将哲理化入诗境,人格表现于艺术。”③《流云》意境与之极为相近,只不过它出于宗白华的个人情性,“五四”时代的浪漫气息更浓,又分明流露出德国浪漫派诗歌的影响,已另具一番风貌。宗白华创作《流云》之时,正和他的美学沉思相平行,于是艺境的创造与艺境的求索交互影响,相得益彰,无疑会推动宗白华向着艺境的理论探讨,更跨进一步。

---

① 《宗白华全集》第 2 卷,第 348 页。

② 《宗白华全集》第 1 卷,第 348 页。

③ 《宗白华全集》第 1 卷,第 431 页。

第二章　艺境求索中的文化批判

第一节　探寻中国艺境的文化哲学基础——生命哲学

各民族的审美和艺术，各具民族个性，“有它特殊的宇宙观与人生情绪为最深基础”①。中国传统审美与艺术的“最深基础”是什么？发掘这个“基础”，予以现代意义的诠释与评价，是宗白华文化批判的第一要务。

宗白华将这个“基础”称为“生命哲学”。诚然，这一外来的名号，来自狄尔泰、柏格森哲学。但是，中国人历来将生生之“道”视为宇宙本体，将道的流行视为“大化流行”，即生命之气不断创造的大历程，却与西方现代生命哲学的宇宙本体论——生命活力论②，确乎多有相似。宗白华的卓拔处，不在引进西方生命哲学的诸多用语，而在他以此为参照，阐明了中国生命哲学的固有品格，固有义蕴，有着理论上的独到发现。

宗白华虽在“五四”期间即倾心于西方生命哲学，而且认为柏格森的创化论“最适宜做我们中国青年的宇宙观”③，但他对西方生命哲学并不一味盲从，而是有所别择，有所去取。写于1921年的《看了罗丹雕刻以后》一文，明显赞同奥伊肯的观点，认为大自然有一种不可思议的活力，推动无机界进入有机

① 《宗白华全集》第2卷，第43页。
② 柏格森把这一活力称为“生命冲动”（或译“生命之流”），奥伊肯则名之为“永恒活力”。
③ 《宗白华全集》第1卷，第79页。

界，由有机界入于人的生命和精神界。[①] 但宗先生并没有追随柏格森将这一活力同“意识的绵延”等同起来，走向将生命心理学化的极端，也舍弃了奥伊肯认为宇宙生命只有在人的精神生活中才实现自己，因而精神生活是最真实的存在的片面主张。他确认自然处处充满了宇宙活力，“自然始终是一切美的源泉，是一切艺术的范本”[②]。罗丹的艺术创造之所以伟大，就在于他善于表现万物的“动象”，从而凸显万物的精神，万物的生命。文中特别提到：“我自己自幼的人生观和自然观是相信创造的活力是我们生命的根源，也是自然的内在的真实。”[③]这提示我们，宗白华的生命哲学，决不是西方现代生命哲学的简单翻版，而另有其渊源所自。

比较《艺术学》和《艺术学（讲稿）》两份笔记可以得知[④]，在 20 世纪二三十年代之际，宗白华对中国传统艺术的意境问题，有过深沉的哲学追索。前一份笔记，大体以玛克斯·德索的《美学和艺术理论》一书为蓝本，框架既以其为依傍，论点更多所采撷。[⑤] 后一份则显然不同，其艺术理论已收缩到意境这一中心，全部创作、欣赏活动，均从意境着眼作出阐释。尤可注意者，文中将艺术创造归之为意境的形式化，而艺术创造的范本，即是自然本身。

> 凡一切生命的表现，皆有节奏和条理，《易》注谓太极至动而有条理，太极即泛指宇宙而言，谓一切现象，皆至动而有条理也。艺术之形式即此条理，艺术内容即至动之生命。至动之生命表现自然之条理，如一伟大艺术品。[⑥]

请不要轻轻放过这段话，这里有着宗白华美学思想一个完整的哲学纲要，有着他对中国文化哲学多项重要的发现。

---

① 奥伊肯认为：“宇宙生命是万物，即人类历史、人类意识和自然本身的根基。宇宙历程是从无机界到有机界，从自然到精神，从单纯的自然的心灵生活到精神生活的演化”。转引自梯利《西方哲学史》（增修订版），商务印书馆 1995 年版，第 548—549 页。

② 《宗白华全集》第 1 卷，第 325 页。

③ 《宗白华全集》第 1 卷，第 324 页。

④ 《宗白华全集》题解系年，两文同标为“1926—1928 年”，恐有误，对勘两文内容，前者尚幼稚，后者则颇多独到心得，两者写作时间应有一定间隔。

⑤ 桑农：《宗白华美学与马克斯·德索之关系》，《安徽师范大学学报》（人文社会科学版）2000 年第 2 期。

⑥ 《宗白华全集》第 1 卷，第 563 页。

第一个发现,是由中国生命哲学的道气观,引申出生命节奏的本体论意义。在中国传统哲学中,“所谓道,就是这宇宙里最幽深最玄远却又弥纶万物的生命本体”。[①] 但儒家以“道”为“有”,道家以“道”为“无”,互见歧异。宗先生截断众流,不纠缠于这些歧解,而直取《周易》道论,以此涵摄各家。

> 中国民族的基本哲学,即《易经》的宇宙观:阴阳二气化生万物,万物皆禀天地之气以生,一切物体可以说是一种“气积”(庄子:天,积气也)。这生生不已的阴阳二气织成一种有节奏的生命。[②]

《周易》作为一部“动的生命的哲学”[③],本是儒道二家所统宗的典籍。抓住气论这个基础,就抓住了各家道论的共同点。道家之道,虽视之无形,听之无声,名为“虚无”,究其实,乃气之本然,万有之最后根源,虚空中仍充盈着生命活力。《周易》以阴阳互动之道涵盖天道、地道、人道,庄子倡言“道通为一”,“通天下一气耳”,都表明道乃气中之道,道即是气的流行,是阴阳相推而生变化,创造万物的伟大功能。

一阴一阳,流行不已,生生不息。“其流行,生生也;寻而求之,语大极于至钜,语小极于至细,莫不显呈其条理;失条理而能生生者,未之有也。故而生生即该条理,举条理即该生生。”[④]在宗白华看来,这“生生而具条理”的阴阳流转,就是天地运行的大道。它体现为天地的动静,四时的节律,昼夜的来复,生长老死的绵延,体现为大自然的一切生命运动以及人自身的生命活动。因此,生命是有节奏的生命,节奏是有生命的节奏,节奏也具有本体论意义。如果说,把道和气联结起来作辩证的观察,那是传统生命哲学古已有之的思想;而由此进一步发挥,论定生命节奏的本体论意义,则应该说是宗先生独到的阐释。

第二个发现,是宇宙构成上的时空一体,以时统空的特有观念。西方哲学在自然观上讨论宇宙构成,也重视时间空间问题,但不像中国古代哲学,直将时空等同于宇宙。《尸子》云:“四方上下曰宇,往古来今曰宙。”佛家讲“世界”亦即宇宙,也是指时空:“世”有迁流之义,指过去、现在、未来时间的迁行;

---

① 《宗白华全集》第2卷,第280页。
② 《宗白华全集》第2卷,第109页。
③ 《宗白华全集》第2卷,第246页。
④ 戴震:《孟子字义疏证·绪言》卷上,中华书局1961年版,第83页。

“界”有界畔义，指东西南北之空间处所。中国没有类似西方近代机械物理学那种绝对空间和绝对时间概念。由于整个宇宙都被设想为阴阳二气的流衍历程，空间虚而不空，没有绝对的空间；阴阳二气既充满空间，时间的延续，只是阴阳二气运动性状的度量，而没有绝对的时间。[①] 于是“宇中有宙，宙中有宇，春夏秋冬之旋转，即列于五方”。秦汉哲学中，以四时比配五方的宇宙模式，正体现这种基于气论的时空观。

然而，在时空一体的宇宙模式中，时空并非平分秋色，而是时间率领空间，四时统摄五方。差不多同时撰成的《淮南鸿烈》和《春秋繁露》两书，都有所谓“阴阳出入”说，认为阴阳二气之运行消长，各有其空间位置，阳气起于东北而尽于西南，阴气起于西南而尽于东北，于是按照阴阳二气之不同比例，每季各主一方：春主东，夏主南，秋主西，冬主北。[②] 宗先生非但已注意及此，而且从汉人易学之“引历入易”，更从汉人之历学与律学相参，勾稽出一种“律历哲学”，为以时统空的宇宙模式，寻得伏源更为深广的文化依据。

揭明中国宇宙论以时统空的根本特征，中国传统哲学的生命哲学品格，也就无可移易地确定下来。生命是一个“永不停歇的持续的事件之流”[③]，生命只存在于时间流程之中。用中国的话来说，生命就是“日新变转，生生相续”的历程。时间是需要诉之于内心体验的，时间的体验即是生命的体验。从这个意义上看，柏格森将生命的本质归之于时间，说得并不错。问题是，柏格森的生命只存在于纯粹时间之流，全然与空间绝缘，对生命的把握，只归结于纯粹直觉——时间流变之所思，让想象吞并了五官感觉，难免失之一偏。中国与之不同，时空一体，空间与时间打通，即空间与生命打通。一方面，生命被空间化了，它取得了法则，取得了条理，而产生了自己的“范型”；另一方面，空间被生命化、节奏化，亦即人情化。而“以时统空”，又突出了对时间的体验，对生命的体验。人对外部世界的直观和内在世界的生命体验可以融贯为一。于是，生生而具条理的宇宙，成为人安居的家。“众鸟欣有托，吾亦爱吾庐”，居室成为小天地，天地即是大居室，宇宙的生命与个体的生命得以相互因依，息

---

① 参见李存山《中国气论探源与发微》，中国社会科学出版社 1990 年版，第 232 页。

② 汪裕雄《意象探源》曾据“阴阳出入”说图示这一以时统空宇宙模式，请参见该书，安徽教育出版社 1996 年版，第 285 页。

③ 卡西尔：《人论》，上海译文出版社 1985 年版，第 63 页。

息相通。

自古以来,中国文化有种一往情深的理想,即人和自然的和谐与统一。人抚爱着万物,对自然采取眷恋、亲和的态度,从不作奴役自然之想:即使改造自然,也因循它、顺应它,从不违逆自然,而妄自作为。“时空合体,以时统空”的宇宙论,正是这种文化理想的哲学表述,成为中国文化传统中最宝贵的成分。宗白华在这方面的发掘性诠释,若借用他评论前人的话,真可谓“透漏了千古的秘蕴”①,实在功不可没。

第三个发现,是窥探到中国文化的“泛审美主义”特质。

泛审美主义,本是玛克斯·德索用以描述欧洲机能泛神论的美学观的专有名词。② 这种美学观确认,神的光辉即是美,神性无所不在,善现于万物,万物皆因之而美。肯定自然美,将审美的重点从艺术移向自然事物,是这一美学观的重要特征。宗白华早年就在德国文学中发现“诗人的宇宙观以 Pantheism (泛神论)为最适宜”③。后来又体会到,在中国魏晋以来的文学艺术中,也有一种泛神论的宇宙观作它的基础。④ 这种“泛神论”所谓“神”,并非人格神,而是“阴阳不测之谓神”,生机神妙变化之“神”。宇宙全体是生命的流行,生命之气支配万物的神妙变化,整个宇宙便可视为“神化的宇宙”。⑤ 其间万物,无往而不美。这个美,即是万物在大化流行中显现的生气生机,生命情调。在中国,审美绝不仅仅限于艺术,而早就涉及自然风物,人格风度和物质器皿。“在中国文化里,从最低层的物质器皿,穿过礼乐生活,直达天地境界,是一片混然无间,灵肉不二的大和谐,大节奏。”⑥宗白华一语道破了中国文化泛审美主义的特质。

因为有此特质,中国人制造器皿,才不止于用来控制自然以图生存,更希望借此表达对自然的敬爱,以美的形式作宇宙秩序宇宙生命的表征,一如三代的彝器,上古的玉器和中古的瓷器。

---

① 《宗白华全集》第 2 卷,第 146 页。
② 玛克斯·德索:《美学与艺术理论》,中国社会科学出版社 1987 年版,第 45 页。
③ 《宗白华全集》第 1 卷,第 230 页。
④ 《宗白华全集》第 2 卷,第 276 页。
⑤ 《宗白华全集》第 1 卷,第 601 页。
⑥ 《宗白华全集》第 2 卷,安徽省教育出版社 1994 年版,第 415 页。

因为有此特质，中国人才忘情于山水之乐，不但从中觅取慰藉，而且从中汲取人格力量。中国的山水画，花鸟画才“成为世界第一流的，最有心灵价值的艺术。可与希腊雕刻，德国音乐并立而无愧”。①

因为有此特质，许多中国士人，才将艺术视为安身立命之所，才将审美理想与人生理想合而为一，将艺术的人生态度，作为自由人格的主要标志，一如魏晋士人所倾慕的那样。

然而，中国人为泛审美主义的文化所付出的历史代价，也是足够沉重的。宗白华说：

> 中国人爱以生活体验真理，却不爱以思辨确认真理，所以“名学”，“因明”最不发达……中国一向忽视逻辑，它的代价就是科学底不产生和不发达。学者皆“务为治”，“学致用”，而不肯探求纯理，以为“为治”，“致用”的基础。②

中国人不曾将自己的发明从工艺提高到科学水平，而是一味用来充作文化生活的手段。发明了火药，却用来制造奇巧美丽的烟火和鞭炮；发明了指南针，却让风水先生用来勘定庙堂、居宅及坟墓的地位和方向。而这两项发明传入欧洲，却成就了他们控制世界的权力——陆上霸权与海上霸权，“中国自己倒成了这霸权的牺牲品”，在近代受人侵略，受人欺侮，以致自身“文化的美丽精神也不能长保”③，这是何等沉痛的历史教训！宗白华不曾沉湎在泛审美主义的温馨里，以为只有在科学上迎头赶上，急起直追，才是应对西方科技霸权之道，才是民族文化真正复兴之道。

第二节　站在历史边缘的文化眺望

“少年中国”是宗白华永远的梦想，从青年时代到他的中年，乃至耄耋之年，他无时不在深情反顾“五四”时代中国的“少年气象”，那弥漫于青年心灵的对未来中国的浪漫憧憬。由于所取的是纯文化、纯学术的立场，宗白华“少年中国”之梦，就是他的“文化救国”之梦。在 20 世纪中叶，“武器的批判”被

① 《宗白华全集》第 2 卷，第 342 页。
② 《宗白华全集》第 2 卷，第 229 页。
③ 《宗白华全集》第 2 卷，第 406 页。

提到第一位，“文化的批判”则被挤到历史的边缘①，他从文化上建设未来中国的理想，显得迂阔，高蹈而不切世务。只是到20世纪80年代，当社会主义精神文明建设的课题提上全国议程，宗先生的许多文化主张，才从政治风云逐渐消散的历史天幕上慢慢凸显出来，重新获得自己的现实意义。宗先生当年站在历史边缘所作的文化眺望，具有超前的预见性。②

1.人格的培育与建构

没有中国少年的新人格，便没有“少年中国”的新文化。两者关系是“小我”与“大我”的关系。民族文化的建设，个体人格的培育，都应各自发挥自己的个性。每个人的创造潜力都自由地展现出来，民族新文化才能获得川流不息的创造力源泉。

宗白华理想的人格是全面发展的健全人格：“我们对于小己的智慧要日进于深广，对于感觉要日进于优美，对于意志要日进于弘毅，对于体魄要日进于坚强，每日间总要自强不息。”③这不是如尼采鼓吹的体现强力意志的“超人”，也不是古代中国悬设的可作万世师表的圣贤，而是双脚站在现实土地上的平民化人格。

然而，中国一般平民的生存状态，与这个理想的反差太大了。由于“生活环境太困难，物质压迫太繁重”，他们所过的几乎纯粹是“一种机械的，物质的，肉的生活，还不曾感觉到精神生活，理想生活，超现实生活……的需要”。而一般平民设若无此需要，则少年中国的文化运动，就不可能有“强有力的前途”④。

在这里，宗白华显示出一个文化启蒙主义者的天真与真诚，说他“天真”，因为他明知一般平民的生存状态限制了他们的生活需要，却不去追究从根本

---

① 宗白华意识到自己的“边缘”地位。1951年，他撰文庆贺新中国的诞生，同时也为自己站在历史的“边缘”，未能投入实际斗争而深表愧疚。

② 有个最有说服力的例子：1920年，他曾为“新上海的建设”献策，呼吁在注重物质文明建设的同时，不宜忽视精神文化建设，他期望未来上海“不只做物质文明的名城，还盼望她同时做精神文化的中心。”（《宗白华全集》第1卷，第191页）他的主张直到20世纪80年代才开始成为社会共识，他的话早说了六十多年！

③ 《宗白华全集》第1卷，第98页。

④ 《宗白华全集》第1卷，第219页。

上改变这种生存状态的必由之路；说他“真诚”，因为他明知单靠文化启蒙将收效甚微，仍“知其不可而为之”，矢志不移地宣扬自己的人格建构主张。

宗白华认为培育健全人格的最有效途径是审美与艺术教育。审美和艺术，能使生命“经物质扶摇而入于精神的美”①，它贯通物质生活、精神生活和理想生活、超现实的生活，使人具有高尚而丰富的内在世界。“五四”期间，他倡导一种“艺术式的人生态度”，主张把每个人的生活当作一个高尚优美的艺术品去创造；乃至抗日军兴，民族危难之时，仍不忘反对应付一时的实用主义教育观，以为徒然提倡实用，不注重人格培养，即使在国家危急之时，流弊也很大。在抗日战争最艰苦的20世纪40年代，他特意著文称颂晋人的人格美，更是为了拿古人的范例，激励国人在同样混乱而黑暗的年代不息地“追求光明，追寻美，以救济和建立他们的精神生活，化苦闷而为创造，培养壮阔的精神人格”。②

宗白华不是没有因曲高和寡而自觉孤独的内心悲凉。然而，西方近代历史的发展，给了他坚持以美育建构健全人格的信心。他从康德、席勒那里，感受到了西方近代人对人性分裂的深深忧虑：“极端的理智主义与纵欲主义使人类逐物忘返，事业分功的尖锐化，使天下无全人。”③而欲恢复人格的全整与和谐，除了“美育”之外，别无良策。美育具有远期效应，美育不能立竿见影，但从宏观的历史看，人的全面发展，毕竟是人类永恒追逐的目标。正如宗白华已经认识到的：

> 这个理想在现在看来似乎迂阔不近时势，然而人类是进步的，我们现代生活既已感到改造的必要，那么，向着这个理想去努力，也不是不可能的，况且古代也不是没有实现过，不过我们要从少数人——阶级的实现到全人类的罢了。④

如果说，在20世纪三四十年代，当时美育的实施还缺乏最起码的条件时，宗白华就有这样深情的展望，那么，在21世纪，在美育有可能以全社会规模加以实施的中国，我们当如何努力，才不致使宗先生当年的理想落空呢？

---

① 《宗白华全集》第1卷，第325页。
② 《宗白华全集》第2卷，第288页。
③ 《宗白华全集》第2卷，第113页。
④ 《宗白华全集》第2卷，第115页。

2.技术与艺术贯通,自然与文化调合

在20世纪三四十年代,中国文化向哪里去,世界文化向哪里去的问题,始终萦回于宗白华脑际,挥之不去。而技术与艺术贯通,自然与文化调和,则是他所憧憬的理想文化类型。

宗先生是从文化的总体构成来思考技术与艺术贯通的必要与可能的。从他绘制的文化总体构成图式可以得知,在人类文化体系中,技术为下层基础,艺术为上层建筑,技术介于科学与经济之间,借科学知识以满足社会经济需要;艺术介于哲学与宗教之间,从右邻哲学获得深隽的人生智慧、宇宙观念,从左邻宗教获得深厚热情的灌溉,故具有人生批评与人生启示的功能。① 技术与艺术,分别联结人的知行两个方面,由物质界通向精神界,使上下层打通,构成"人类文化整体的中轴"②,占据着文化生活的"中心地位"③。艺术本就来自技术,涵有技术。但艺术中的技术,不只服役于人生,而且表现着人生的价值与意义,它根源于物质生活与社会生活,却又超入精神世界。技术和艺术贯通,意味着人的物质生活、社会生活、精神生活三者的和谐统一,究其实是人与人关系的和谐统一。

然而,西方近代文明的发展,使原有文化系统发生突变。工业革命造成极度发达的物质文明,造成现代资本主义社会,也带来人与人关系的恶化,"各国内的阶级榨压,国际间的残酷战争,替人类史写下最血腥的一页"④。连续两次世界大战,使人类蒙受巨大灾难,就是明证。

面对现代技术这柄双刃剑,西方人士有悲观论、乐观论两种截然不同的态度。前者预言近代文明必将趋于沉沦毁灭,他们对技术的发展充满恐惧与感伤,后者则预言技术的发展将使人类的联系愈来愈趋密切,设想全世界统一在一个技术政治之下,将是未来的理想社会。

宗白华对上述两种态度似都并不赞同。他以为,技术本身不能决定其为福为祸,全看掌握在什么人手里。技术运用得当与不当,责任在哲学。如果哲学智慧能为一个民族指导正确的政治轨道,道德标准,能为其确定人生理想与

① 《宗白华全集》第2卷,第347页。
② 《宗白华全集》第2卷,第185页。
③ 《宗白华全集》第2卷,第181页。
④ 《宗白华全集》第2卷,第253页。

文化价值，而“技术能服役于人类真正的文化事业，服役于‘创造的冲动’而不服役于‘占有的冲动’，才是人类底幸福而不为人类底灾祸”①。

遗憾的是，西方现代“理智精神”的片面发展，导致了情感的粗鄙化和野蛮化，造成了理智与情感的严重疏离与脱节，“权力意志”的恶性膨胀。用宗白华的话来说，社会经济关系已入于全人类性，而人类的情绪还停留在部落时代。解救之道是哲学智慧，而只有“理智加上人类底同情才是‘智慧’，‘智慧’的根基是‘仁’，不是‘权力意志’”②。人类情感的净化和陶冶，最有力的手段是审美与艺术，所以宗白华理想中的哲学智慧，正是技术与艺术的贯通与互补：技术使艺术得以物态化，艺术则赋予技术以文化价值。于是，人的物质生活、社会生活和精神生活，才能在人生价值意义的导向下统一起来，才不致被机器、被贪得无厌的占有欲所支配。

在技术与艺术的深处，实际上都有一个人与自然的关系有待处理。通过技术，人在利用和改造自然，创造出非自然的物质文化世界；通过艺术，人类借助自己的智慧和热情，创造出第二个自然——精神文化的世界。人类的物质文化与精神文化，都以自然作它的坚实的基础。文化与自然，看似相互对立，而实际上正好构成宇宙生命演进的历程：“从物质的自然界，穿过生物界、心理界，抟扶摇而入于精神文化界。”宗白华从宏观文化史的高度，展望着人类未来文化的光明前景：

> 人类思想往往表现于“进于礼乐”和“返于自然”两个相反的趋向（孔子与老庄）。然而健硕的向上的创造时代则必努力于自然与文化的调和，使人类创造的过程符合于自然底创造过程，使人类文化成为人类的艺术（不仅是技术！）。在这时期“艺术”往往占住全部文化的中心，希腊文化与中国古代的文化（六艺文化）都有这个色彩。在西洋近代则德国古典时期以歌德、释勒（今通译为“席勒”——笔者注）为中心的文化运动也是实现这“自然与文化调和”的精神。③

如果说，处身于动荡而混乱年代里的宗白华尚且对“健硕的向上的创造时代”满怀期待，那么，生活在21世纪，肩负建设社会主义物质文明与精神文

---

① 《宗白华全集》第2卷，第167页。

② 《宗白华全集》第2卷，第253页。

③ 《宗白华全集》第2卷，第320页。

明重任的我们，对此又怎能不怦然心动！

第三节 “中西古今”关系的辩证思考

近代中国是在国力衰敝、文化老旧的情势下，遭遇中西文化大碰撞、大交流的。弱势的地位，被动的心态，加上对民族命运的深切焦虑，使中国人难以冷静地对待这一冲撞，对待西方文化，难以合理地处置文化上的“中西古今”关系。

“五四”期间，围绕中国文化的现代化课题，“中西古今”的关系如何处置，意见分歧更形尖锐。新文化运动的主将们，将中西文化之异，化约为古今文化之别，以为中国文化始终“未解脱古代文明之窠臼，名为‘近世’其实犹古之遗也”①。而一些文化本土主义者，则以为西方虽国富兵强，但在精神文化上已遭遇绝大危机，有待东方文化予以挽救。前者以文化的时代性取消了文化的民族性，后者以文化的民族性取消了文化的时代性，但将本民族文化看成全世界无往而不适的最高文化，同样不理解文化的民族性。

如何合理处置文化上的“中西古今”关系，宗白华有过“深静的深思”：最初，他设想发扬东方精神文化，吸取西方物质文明，“使中国做世界文化的中心点”②；其后，已察觉在精神文化上，也需要融合中西文化，但仍设想以融合后的新文化“作世界未来文化的模范”③。就是说，此时的宗白华，还没有突破东方文化中心论的狭隘眼界。直到留德以后，由于对中西文化“对流”有了切身感受，由于受欧洲人自己起来批判“欧洲中心论”的启示，受欧洲人热心介绍东方文化这一“反流”的影响，宗白华才真正懂得，民族间的文化交流，彼此的相互吸取和相互融合，并不会泯灭文化的民族个性，而是使民族个性更丰满、更健全。因此，他认为中国新文化的建设，虽在几十年内需“以介绍西学为第一要务”，但终究的目标，仍在“极力发挥中国民族文化的‘个性’”④。展望世界，他既期待中国民族文化在世界文化苑囿放出奇光异彩，也盼望世界上

---

① 陈独秀：《法兰西人与近世文明》，《青年》杂志第1卷第1号(1915年9月)。

② 《宗白华全集》第1卷，第38页。

③ 《宗白华全集》第1卷，第102页。

④ 《宗白华全集》第1卷，第336页。

各类型文化,“能各尽其美,而止于其至善”①。宗白华已丢弃东方文化中心论的幼稚幻想,而换取世界文化多元并存、和谐发展的高尚理想。

“真理往往是由辩证的方式阐明的”②。德国哲学精神和中国传统哲学,共同滋养了宗白华辩证思考的哲学心灵。通达的、多元发展的世界文化视野,使宗白华较少受到民族主义情绪的干扰,能以平静心态,处置文化中的“中西古今”关系,展开平等的中西文化对话、深入的古今文化对话。

1.平等的中西文化对话:跨文化研究

中西文化,既有时代之异,也有民族之别。这两种差异,在文化各个层面,各有其不同体现。照宗白华看,在物质文化层面,西方现代工业文明与中国古老农业文明之间,主要体现为时代差别,它取决于科学技术发展程度的不同。科学技术通过改造自然控制自然以满足人类物质生活需要,本身说不上什么民族性。而在精神文化层面,情形显然不同。各民族在长期历史中,形成互见歧异的民族智慧,它由各自不同的理智与情感凝聚而成,不但根基深厚,而且广泛渗入日常生活,成为该民族确定人生理想,衡估人生价值意义的准则。即使对各民族一视同仁的科学技术,其应用之当与不当,也得受这些准则制约。因此,中西文化的差别主要应从精神文化中去探讨。欲求了解中西文化各自的命运与前途,就得对中西两方的精神文化作比较研究。

宗白华的中西跨文化研究,是从艺术理想的不同追求,沿波讨源,进入哲学领域的形而上比较的。在中西绘画空间意识的对照中,宗白华发现了中西世界观突出的区别之点:在西方,不论古希腊对有限空间和宁静秩序的追求,还是近代人对无尽空间的不倦向往,都具有心与物,主观与客观两相对峙的特色;在中国,静观万物而求返自心,求得个体生命与宇宙生命节奏上的和谐共振,打破了心与物、主观与客观的僵硬对立。对这两种世界观各自的文化历史渊源,形而上的最终根据,宗先生在40年代作过探本穷源的追索,写下《形上学(中西哲学之比较)》这篇力作。

---

① 《宗白华全集》第2卷,第243页。

② 《宗白华全集》第2卷,第48页。

在这篇堪称中国文化哲学经典之作的论纲里①,宗先生以其哲学家的睿智,提要勾玄,画出中西文化哲学的不同历史面目。

> 中国出发于仰观天象、俯察地理之易传哲学与出发于心性命道之孟子哲学,可以通贯一气,而纯数理之学遂衰而科学不立。
>
> 西洋出发于几何学天文学之理数的唯物宇宙观与逻辑体系,罗马法律可以贯通,但此理数世界与心性界,价值界,伦理界,美学界,终难打通。而此遂构成西洋哲学之内在矛盾及学说分歧对立之主因。②

中国文化哲学道体与心性之体通透融贯,西方文化哲学之理数界与心性界分割两立,其渊源所自,其各自优长与缺憾,尽得于这段提纲挈领的提示中。

然而,比较自身并非目的。宗先生的跨文化研究,意在取得他民族文化的参照以对本民族文化作创造性诠释,从而建立宗先生自己的中国的形上学体系。

道体与心性之体如何获得统一,又何以能获得统一,是这个体系在理论上的关键所在。关于如何统一,已有论者指出,这是宗先生"合汉宋",即对发挥易传哲学的汉代易学和弘扬孟子心性之学的宋明理学作创造性的综合,使之"在天人之际达到统一"的结果。③ 至于何以能统一,私意以为,颇大程度上取决于中国人握有"象"这一通天法宝。而宗先生对"象"所作的独到诠释,正是形上学体系中一个夺目的亮点。

"象"之一语,最早是易传哲学提出的。"象"由运数而定,它涵摄世界的基本结构,是万物创造之原型,故可"观象制器";"象"又是圣人效法天地,仰观俯察,"反身而诚以得之生命范型"④,故可"立象以尽意"。前者远取诸物,后者近取诸身;前者通向天道,后者通向心性;前者主要属宇宙论,后者主要属

---

① 此文写作时间《宗白华全集》编者断为 1928—1930 年,有误。据王锦民先生考核,应写于 1945—1949 年。见王氏《建立中国形上学的草案》,载《美学的双峰》,安徽教育出版社 1999 年版,第 523 页。又,此文揭出"律历哲学"为中国哲学根基点一说,同见于《中国文化的美丽精神往哪里去?》与《中国诗画中所表现的空间意识》,两文分别发表于 1946 年与 1949 年,而为前此论述所未见,似可为王氏考核增一内证。

② 《宗白华全集》第 1 卷,第 623 页。

③ 王锦民:《建立中国形上学草案》,《美学的双峰》,安徽教育出版社 1999 年版,第 526 页。

④ 《宗白华全集》第 1 卷,第 643 页。"象"作为"生命范型",涵时间、空间意义,下文详论。

本体论、价值论。由于中国哲学将“宗教的，道德的，审美的，实用的溶于一象”①，天道与心性，宇宙论与价值论，便完全打通；形而下的器与形而上的道，也完全打通。

“象者，有层次，有等级，完形的，有机的，能尽意的创构。”②它从观物取象开始，把握万物数理序秩，直通宇宙运行的大道。它可以是具体事物之象，可以是天文地理，即天地垂示之“象”，也可以是形而上之道的象征（“象即中国形而上之道也”③）。同时，由于中国生命哲学建基于气论，以万物生成为阴阳二气氤氲和合所致，“天之生物也有序，物之既形也有秩”④，世界的序（时间）秩（空间），无非生命之气的刚柔变化，进退流动，因而宇宙生命运行的大道，便体现在万物生生的条理之中。而象，作为器，作为序秩，作为形上之道的表征，便是气的和谐，节奏的和谐，是一“完形”。宇宙生命之气与人的生命之气，同出一源，两者“感而遂通”，万物生命节奏和人的情感节奏可以交相感应。于是，“象”便可“由中和之生命，直感直观之力，透入其核心（中），而体会其‘完形的，和谐的机构’（和）……而乃为直接欣赏体味（赏其意味）之意象”⑤。这个“意象”，足以引人由感性直观体悟宇宙的大理大法，体悟人生的价值意义，乃至进达天人合一的“天地境界”。

对苦于理数、心性两界分隔而极欲将其打通的西方现代哲学来说，宗先生建立中国形上学体系的努力，应该有相应的参照意义。19 世纪 20 世纪之交，西方哲学中科学主义与人文主义的分歧更显严峻。以德国生命哲学为代表的人文主义思潮，在他们的文化批判中，也曾借助中国哲学，特别是“作为所有存在物中本真存在却是可体验的”那个“道”⑥，试图打通理数、心性两界。只是他们习惯于将“道”理解为“理性、逻各斯、上帝、意义、正道，等等”⑦，对“道”与“象”的关系尚欠深究，终有一间未达之憾。在这样的情势下，我们有

---

① 《宗白华全集》第 1 卷，第 626 页。

② 《宗白华全集》第 1 卷，第 636 页。

③ 《宗白华全集》第 1 卷，第 626 页。

④ 张载：《正蒙·动物》，引自王夫之《张子正蒙注》，中华书局 1975 年版，第 86 页。

⑤ 《宗白华全集》第 1 卷，第 642 页。

⑥ 卡尔·雅斯贝尔斯：《老子》，《德国思想家论中国》，江苏人民出版社 1989 年版，第 222 页。

⑦ 《宗白华全集》第 1 卷，第 221 页。

理由设问:宗先生对中国形上学体系的诠释,能否为西方学者增进对中国哲学的理解提供新的提示呢?

2.深入的古今对话:同情的了解

文化批判,对本民族文化的反思、自省,实是现代人与古代人心灵上的对话。“我们的弱点固要检讨,我们先民努力的结晶也值得我们这颓堕的后辈加以尊敬。”对待古人,唯有取“同情”的态度,才能建立心灵交流的条件,才能对古人和古代文化求得真切的了解。那种动辄“贴封条”,轻易宣判古人为“地主阶级代表”、古代学说为“纯粹唯心论”的做法,在宗白华看,乃是有害无益的“奇论”。①

“同情的了解”,或译“了解的同情”,是狄尔泰历史哲学所倡导的方法。

依照狄尔泰所说,生命(生活)是一时间流程,“现在是我们价值所在,将来是我们的目的所在,过去是我们的意义所在”②。研究历史,求取“过去”对于今日人生的意义,既不能起古人于地下,又无法使今人回复古旧的生活,只能凭借今人对“过去”生活的“体验”。人类本性具有“同质性”(Gleichartigkeit),今人对自身生活的体验与对前人生活的体验又有类似性,因而今人完全有可能借助对自身生活的理解,反思前人生活的价值意义。狄尔泰所谓“生命本身解释生命。它自身就有诠释学结构”③,指的就是这样的意思。

然而,对过去的理解必须以“同情”为前提:“只有同情(Sympathie)才使真正的理解成为可能。”④只有对前人取“人同此心,心同此理”的友善态度,设身处地地重构过去的情境,感同身受地从容体验,沉静周密地深入反思,才能获得对古人及其生活价值意义的真理解。在狄尔泰,这是将生命哲学推展到历史领域,将哲学分析和社会心理学描述结合起来的研究方法。

中国文化本具有深厚的生命哲学精神,有“知人论世”,“以意逆志”的诠释学传统。因此,当宗白华面对本民族文化传统,试图借取“同情的了解”的方法从事文化批判时,对象与方法之间非但无凿枘难入之憾,而且有桴鼓相应

① 《宗白华全集》第2卷,第354—355页。

② 转引自杨河:《时间概念史研究》,北京大学出版社1998年版,第182页。

③ 转引自伽达默尔:《真理与方法》,上海译文出版社1992年版,第292页。

④ 转引自伽达默尔:《真理与方法》,第300页。

之妙。他对此有一简扼的说明：

> 我们了解古人及古代不仅是靠考证考据及流俗的成见，尤需要自己深厚的心灵和丰富的绪感，才能体会到古人真正精神与价值所在。这样的历史灵魂和新发掘才是于后人有益的。即从纯学术立场说，也是“生命才能了解生命，精神才能了解精神”，近代历史学家狄尔泰如是说。①

从中国传统艺术的意境，宗白华寻绎出我们先人的文化理想，即个体生命节奏与宇宙生命节奏的和谐，自然与文化的调和。“李杜境界的高，深，大，王维的静远空灵，都根植于一个活跃的，至动而又韵律的心灵。继承这心灵，是我们深衷的喜悦。”②千古之下的宗白华，与古代伟大诗人心有灵犀，息息相通。

从汉魏六朝，那个“政治上最混乱，社会上最苦痛的时代”，宗白华透过表层，深入精神生活，发现它“却是精神史上极自由，极解放，最富于智慧，最浓于热情地一个时代”。③ 对晋人的人格美以及他们所发现的自然美，宗先生全身心投入，体悟之，默应之，赞叹之，意在从“精神生活上发扬人格底真解放，真道德，以启发民众创造的心灵，俭朴的感情，建立深厚高阔，强健自由的生活。”④

哪怕是在被人们视作迷信方术的陈旧学说中，先生也能以仁厚的胸怀拯救其精义：“中国建筑最讲求自然背景的调适，风水之说在迷信的外形下具含着一种‘大自然底美学’。”⑤按此“美学”，我们的先人曾“因山就水，度其形式，创造适合的建筑物，表达出山水的风格，以人为的建筑结构显示出山水的精神灵魂，有画龙点睛之妙。”⑥……我们完全可以将他赠给李长之先生的话，移赠他自己：“他之了解古人，皆深入而具同情！”⑦而一旦人们学会用这样的态度对待历史，历史也就不再辜负于他。深入历史宝山的探宝者，永远不会空手而归。

---

① 《宗白华全集》第2卷，第293页。
② 《宗白华全集》第2卷，第377页。
③ 《宗白华全集》第2卷，第269页。
④ 《宗白华全集》第2卷，第269页。
⑤ 《宗白华全集》第2卷，第260页。
⑥ 《宗白华全集》第2卷，第185页。
⑦ 《宗白华全集》第2卷，第264页。

第三章 “律历哲学”与中国文人的音乐化心灵

中国人素来谈艺说诗，动辄包裹六极，直指天地。“大乐与天地同和”，“诗者，天地之心”，画家意欲“以一管之笔，拟太虚之体”，诗人试图“以追光蹑影之笔，写通天尽人之怀”……此类闳论，无代无之，相沿成习，几成套语，其中精义所在，非有心者往往疏予考究。

然而，宗白华不同凡响，他从秦汉人“律历融通”的文化现象中，寻绎出一种“律历哲学”，为传统美学思想探求出宇宙论的依据，发现我们先人的艺术心灵深处，原本振响着浩茫深邃的宇宙音乐。这个发现，对于理解中国艺术、中国诗歌，关系不在小处，值得认真讨论。

第一节 “律历哲学”的要义与渊源

1.有关“律历融通”两种对立的评价

从《吕氏春秋》始，《礼记·月令》①、《淮南鸿烈·时则》等文献便多见“律

① 《礼记正义·月令》疏引郑玄《目录》云：“名曰《月令》者，以其记十二月政之所行也，本《吕氏春秋·十二月纪》之首章也，以礼家好事抄合之，后人因题之名曰《礼记》。”但日本学者能田忠亮按《月令》提供的星象进行计算，认为《月令》大约成书于公元前620年前后，最早不过前820年，最迟不过前420年，远较《吕氏春秋》成书于前239年为早（见李约瑟《中国科技史》，第4卷，科学出版社1975年版，第59页）。《礼记·月令》也可能出现在《吕氏春秋》之前，而为后者所本。

历融通”的记载，即通过运数取象，将五声与四时，十二律吕与十二个月相比配。① 这个说法，后世乐书及史书“律历志”常予引录。五声、十二律吕属音乐律法，四时、十二月属天文历法，将这看来风马牛不相及的两者，相应并置，交互融通，到底有无道理，若有，又是怎样一种道理呢？

清人毛奇龄以为，此说“神奇幽眇”，虽“卓然可听”，实则“与声律之事绝不相关”，乃属“可废”的“欺人之学”。崔述倾毕生心力著《考信录》，以儒家群经为推测，力辟一切不合经典的异说，开治史的“疑古”之风。律历融通的思想，则被目为“异端之说”。

> 自《吕氏春秋》始以律与历强相附会，以十二律应十二月，而刘歆，班固等递述之，非古也。《国语》之文固已多所附会，至《吕氏春秋》所采乃邹衍阴阳家之言耳。学者不信经传之文，而闻异端之说即喜道之，甚哉其可异也！②

崔述的看法，现代一些学人似仍奉为定论。《汉语大词典》第三卷释“律”条：“古人以律与历相附会，用十二律对应一年的十二个月。”时至今日，似乎律历融通，仍难脱“附会”恶谥。

宗白华见解不同。他善于从中国传统哲学全局看待这一思想，透过其似乎无类比附与神秘方术的外观，刺取其宇宙论，方法论的真实内容，把它判定为中国生命哲学的重要表征，与西方哲学作了深入比较：

> “测地形”之“几何学”（原于埃及测地形之知识加以逻辑条理）为西洋哲学之理想境。“授民时”之“律历”为中国哲学之根基点。中国“本之性情，稽之度数”之音乐为哲学象征，西洋“不懂几何学者勿进哲学之门”。③

一个音乐，一个几何学，之所以分别充当东西方哲学的象征，原因无它，只在于各自涵摄着两种宇宙论和方法论的初始原型。

在古代希腊，宇宙被设想为有限而和谐的整体。宇宙万物，大至天体，小

---

① 即一月太蔟，二月夹钟，三月姑洗，四月仲吕，五月蕤宾，六月林钟，七月夷则，八月南吕，九月无射，十月应钟，十一月黄钟，十二月大吕。

② 《崔东壁遗书·补上古考信录》卷上，“驳黄帝制十二律”条，上海古籍出版社 1983 年版。

③ 《形上学（中西哲学之比较）》，《宗白华全集》第 1 卷，第 602 页。

至原子,都在一个纯粹的物理空间(绝对空间)中运动;宇宙秩序,体现为几何空间的秩序。因此,研究数与几何形体关系的几何学,成为"参透天文物理之密钥"。几何学不但是打开万物结构形式奥秘的数学,同时是严整的逻辑理性体系;天文学,也引进几何方法,建立起严密的理论系统。有如宗白华所言:"希腊学人所寤寐追求之永恒真理,原型观念 Archetypal Ideals,合理实在等,在几何学中得达实现,其学为概念的,抽象的,理论证明的,直观可解的,而又能超经验以存在,不为经验所限制。"①总之,几何学奠定了日后西方逻辑理性的基础。

在古代中国,宇宙则被设想为阴阳互动,大气流行,生生不已,无始无终的大历程。阴阳和合的生命元气,充塞天地,至大无外,至小无内。宇宙是一无限而和谐的时空合一体,万物处在永恒的流动变化中。由阴阳二气的流变、聚散、和合以生万物的过程,有数可稽,有理可循。这个"数",是生成的,变化的、象征意义之数;这个"理",是阴阳神妙变化而呈现的条理。宇宙的秩序,就是由这样的数理展现为生命运动的节奏与旋律。故此,代数学取代了西方几何学的地位,而音乐尤其成为中国生命哲学的象征。为把握宇宙万物的运行秩序,中国人便"运数取象",使数理转为生命范型之"象",转为音乐节奏之"象"。这种"运数取象"的法式,集中体现在"律历融通"学说之中。正是出于这种理解,宗白华才确认"律历融通"系"中国哲学之根基点",称其为"律历哲学"。

2.律历融通:"治时"与"候气"统一

《大戴礼记·曾子天圆》篇有"律历迭相治"的记载,对了解"律历融通"的实质,颇见扼要。

> 圣人慎守日月之数,以察星辰之行,以序四时之顺逆,谓之历;截十二管,以宗八音之上下清浊,谓之律也。律居阴而治阳,历居阳而治阴,律历迭相治也,其间不容发。②

历,即天文历法,据日月星辰行次(实为天体球面视运动)以正年岁、四

① 《形上学(中西哲学之比较)》,《宗白华全集》第1卷,第615页。
② 《四部丛刊》影印明嘉趣堂本,卷五。

时、月、日，三代即有其法，历来有太阳历、太阴历、阴阳合历（流传至今的"农历"）干支运气历等名目，久为人所熟知。律，指音乐律法，即确定音高音准的十二律，其中六律属阳，六吕属阴。《国语·周语》"景王问律于伶州鸠"一节，已载十二律名目，六律谓黄锺、太蔟、姑洗（xian）、蕤宾、夷则、无射（yi）；六吕（载称"六间"，韦昭注："六吕在六律之间。"）谓大吕、夹锺、仲吕、林锺、南吕、应锺。① 同节又有所谓"七律"名目，指的是又称"七声"或"七音"的宫、商、角、徵、变徵、羽、变宫这七个音阶。在先秦，十二律可轮流为"宫"，充当"宫调式"主音，组成不同音高的七音阶，称作"旋相为宫"，简称"旋宫"②；十二律还可轮流充当商调式、角调式等不同调式的主音，称作"转调"。旋宫转调，式样繁复，变换自如，表明当时音乐律学已达到很高水准；而湖北随县曾侯乙墓出土的战国前期编钟，至今仍可以演奏几乎所有古今乐曲，更令世人叹为观止。这双重证据，都表明我们先秦时代，无愧为音乐的时代。

十二乐律为什么又和历法拉扯在一起，以致彼此融通呢？原来十二律在校定音律的功能之外，还有另一种重要功能——候地气。十二律管又称"候气之管"。孔颖达《尚书正义》有云："圣人之作律也，既以出音，又以候气，布十二律于十二月之位，气至则律应，是六律、六吕述十二月之音气也。"③候气之法，据《礼记正义·月令》孔疏引蔡邕、熊安生的说法，是在一密室中，将十二律管塞以葭灰，按十二个月各自方位安放，或云各置案上，或云斜埋地下，某月气至，则相应之管灰飞而管空。④ 此法究竟起于何时，未见确载；其操作细节，亦未闻其详，此系先秦遗法，抑或秦汉所创，待考。

不过，十二音律与四时阴阳之气的流行存在对应关系的思想，却屡见于先秦典籍。古人以为，阴阳二气，合而生风。在中国这个典型的季风气候的国

---

① 此为十二钟律之名。按乐器不同，乐律有钟律、管律、弦律之别。乐弦质地粗微差别甚大，故弦律需参照钟律、管律方可确定。然管律、弦律仍沿用钟律命名。又《周礼·太师》有十二律吕之名："阳声：黄钟、太蔟、姑洗、夷则、无射。阴声：大吕，应钟、南吕、函钟、小吕、夹钟。

② 《礼记·礼运》有"五声六律十二管，还（音旋）相为宫"的记载。孔颖达引《京房律法》，释云：十二律"各统一月，其余依次运行，当月者各自为宫，而商、徵以类从焉"（《十三经注疏（标点本）·礼记正义》，北京大学出版社 1999 年版，第 694 页）。

③ 《尚书正义·舜典》孔疏，《十三经注疏（标点本）》，北京大学出版社 1999 年版，第 81 页。

④ 《十三经注疏（标点本）·礼记正义》，北京大学出版社 1999 年版，第 451 页。

家,四季风向不同,每年的"八节"(冬至、夏至;春分、秋分;立春、立夏、立秋、立冬)各有其风来自八方(东、东南、南、西南、西、西北、北、东北),名之"八风"①。气候正常,八风应节而至,则风调雨顺,国泰民安。八方之风,其阴阳二气组合,各有其数,各有其度,与音律相应。所以《左传·襄公二十九年》记季札观乐,有"五声和,八风平,节有度,守有序"的说法。《国语·周语》述金石、丝木、匏竹诸般乐器,"节之以鼓而行之,以遂八风",谓之"乐正"。《礼记·乐记》亦云:音乐(含歌舞)"清明象天,广大象地,终始象四时,周还(音旋)象风雨。五色成文而不乱,八风从律而不奸,百度得数而有常"。郑玄注"八风"句意谓:"八风从律,应节而至。"则音乐之和与气候之和相应相成,由斯可见。因为有这样的观念,古代的乐师(瞽官)便兼有"司乐"与"辨气"的双重智能。《周礼》载此,甚为分明。太师(瞽官之长)"掌六律六同,以合阴阳之声"。典同"掌六律六同之和,以辨天地四方阴阳之声,以为乐器"。古人认为,"风"是"声"之"宗"②,所以合阴阳之声,即是合阴阳之气;辨阴阳之声,即是辨阴阳之气。前者指司乐,后者为辨气,两者密不可分。职是之故,太师在大起军师之时,与太史同处一车之上,共察天文。《周礼·太史》:"大师,抱天时与太师同车。"郑司农注:"大出师,则太史主抱式③,以知天时,处吉凶。史官主知人道,故《国语》曰:'吾非瞽史,焉知天道'?"④,瞽与史,并是知天道者。两者共察天文以定吉凶,若剥去其神秘论色彩,实为今日之天文与气象两项观测相互参照,以此预见战争之成败。

《史记·律书》记有以八风配十二音律的"八风"模式。八风来自八方,各有所属月份、律吕,配以十母(天干)、十二子(地支),鲜明地表达了"律历迭相治"的观念。兹据以列出下表:

---

① "八风",典籍所记略有出入。后世一般以《史记·律书》所述为据。自东北起为条风,以下依次为:东,明庶风;东南,清明风;南,景风;西南,凉风;西,阊阖风;西北,不周风;北,广漠风。

② 《淮南子·主术训》:"乐生于音,音生于律,律生于风,此声之宗也。"刘文典:《淮南鸿烈集解》,中华书局1989年版,第296页。

③ 式,古代占卜用具,后世称星盘。《史记·日者列传》司马贞《索隐》:"栻(同式)之形上圆象天,下方法地,用之则转天纲加地之辰。"

④ 《周礼·太史》,《十三经注疏(标点本)》,北京大学出版社1999年版,第697页。

“八风”模式

风名	方位	月份	律吕	十二子	十母
不周风	西北	十月	应钟	亥	
广漠风	北	十一月 十二月	黄钟 大吕	子 丑	壬癸
条风	东北	正月	太蔟	寅	
明庶风	东	二月 三月	夹钟 姑洗	卯 辰	甲乙
清明风	东南	四月 五月	中吕 蕤宾	巳	
景风	南			午	丙丁
凉风	西南	六月 七月 八月	林钟 夷则 南吕	未 申 酉	
阊阖风	西	九月	无射	戌	庚辛

表中景风未配月份及律吕，十母缺戊已两项，未审何故。这一模式，未见“十二月令”中浓厚的阴阳五行思想，两者所出，恐非一源，但由此却更可见出，以八风配十二律，确实反映了“历以治时，律以候气”这个古老的天象——气象学传统。

由此足见，《大戴礼记》之“律历迭相治”，其来有自，实非秦汉人所虚构。卢辩注称：“历以治时，律以候气，其致一也。”这个“一”，就是天象（阳）和气象（阴）的统一，具体说来，就是“八节”，与“八风”统一。天象与气象相参而治，即所谓“律居阴而治阳，历居阳而治阴”。对此，清人王聘珍有一胜解：“居，处也。律述地气，故曰居阴。治阳者，节气既得，可以考日月之行道，星辰之次舍，时候之寒暑，所治者皆天事也。历悉天象，故曰居阳。治阴者，象数不忒，可因日星之出入，昼夜之永短，以知东西南朔之高下向背，以正作讹成易之时，所治者皆地事也。”①律历相参，候气与记时交相治，为古来“敬授

① 王聘珍：《大戴礼记解诂》，中华书局 1983 年版，第 101 页。句中作、讹、成、易，即《尚书·尧典》所载帝尧命羲和平秩东作、夏讹、西成、朔易的略称。

民时”之所需,说得再清楚不过了。

3.“律历哲学”的要义

然而从“律历迭相治”角度理解“律历融通”,仅能触及它技术层面的意义。作为秦汉天人文化模式的有机组成部分,“律历融通”还有更深厚的宇宙论、价值论背景。唯有从这一整体文化模式出发,探明其文化哲学背景,才能理解“律历融通”之说,何以是一种“哲学”。

秦汉人的天人文化模式,完整表述在《吕氏春秋·十二纪》的月令模式里。月令,又称“明堂月令”,是指天子居于明堂,按月施政的古制:“因天时,制人事,天子发号施令,祀神受职,每月异礼,故谓之‘月令’。”①

《吕氏春秋》中的月令,采用夏历,以“建寅为正”,据以划分四季。② 天子春居青阳,夏居明堂,秋居总章,冬居玄堂。每宫又分左个、太庙、右个三室,计十二室,以应十二月之数。天子逐月别室而居,按该月特有天象、音律、气候、物候发号施令,以授民时,以授民事。每季政事之大者,莫若祭祀、农事、礼乐、兵伐、刑政,诸事大体顺应春生、夏长、秋收、冬藏的自然节律而行,此所谓“因天时,制人事”。吕不韦本人就此有一说明:

> 尝得学黄帝之所以诲颛顼矣,爰有大圜在上,大矩在下,汝能法之,为民父母。盖闻古之清世,是法天地。凡《十二纪》者,所以记治乱存亡也,所以知寿夭吉凶也。上揆之天,下验之地,中审之人,若此则是非可不可无所遁矣。③

可见,十二月令旨在仿效圣王,建立“清世”之治。它“因天时,制人事”,即效法天地之道,以此规范政事,决定其“是非”及“可与不可”,以求重建“清世”。所以它既是天地人合一的宇宙模式,更是天地人相调和的人文模式。④

就十二月令作为宇宙模式而言,其基本框架是以四时统五方的时空模式。请见下列图示:

---

① 蔡邕:《月令篇名》,《全后汉文》,卷八十。

② 夏历建寅,周历建子,秦历建亥。《吕氏春秋》袭用夏历,前人以为是顺沿旧俗。“十二月令”于古有征,应该大有来头。

③ 陈奇猷:《吕氏春秋校释》,学林出版社 1984 年版,第 648 页。

④ 汪裕雄:《意象探源》,安徽教育出版社 1996 年版,第 275 —278 页。

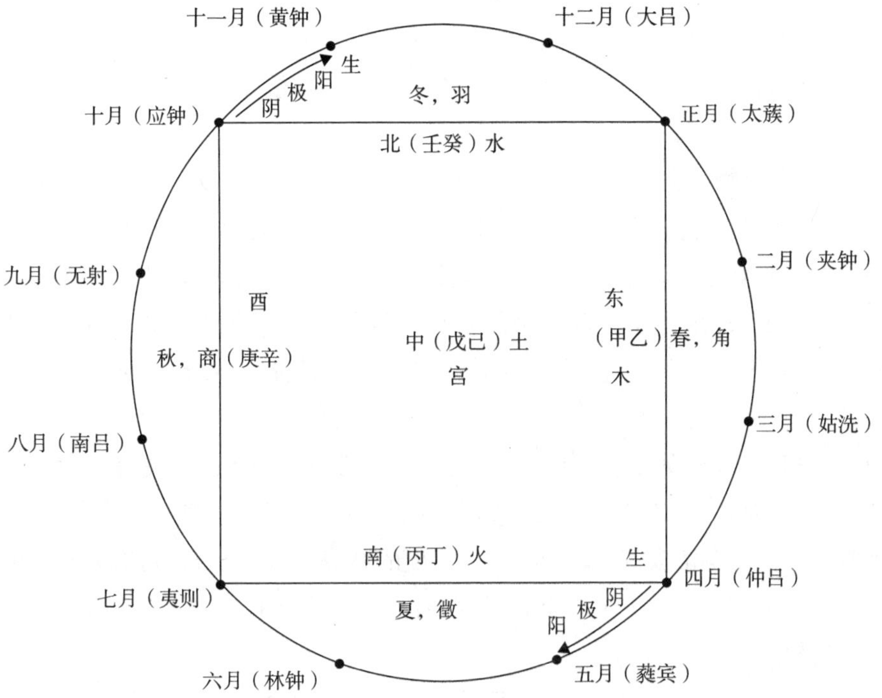

明堂月令律历融通图示

（按《吕氏春秋·十二月纪》绘出，其方位则照今通行标示法改动）

图中圆形象征天道，方形象征地道，即所谓“天道圜，地道方”①。圜者，圆也。天圆地方，天覆地载，本是源自神话的远古宇宙观念。不过，《吕氏春秋》引入阴阳观念对此予以论说，已增附新的意义。据书中所述，天道之所以为“圜”，是因为“精气一上一下，圜周复杂，无所稽留”②。陈奇猷释“杂”为“匝”，解此句云：“‘精气一上一下’者，谓阴气上腾，阳气下降，即阴阳家所谓‘阴阳消息’也。精气一上一下，合而为万物，是阴阳消息于万物之中，万物又分为阴阳，阴又上，阳又下，故曰‘圆周复杂，无所稽留’也。”③准此，阴阳二气无始无终的流转变化，它所显示的“天道”，可以理解为“时间”，它涵摄天地人，涵摄宇宙万物。而地道之所以为“方”，则因为“万物殊类殊形，皆有分职，

① 《吕氏春秋·季夏纪·圜道》，《吕氏春秋校释》，学林出版社 1984 年版，第 171 页。
② 《吕氏春秋·季夏纪·圜道》，《吕氏春秋校释》，第 171—172 页。
③ 《吕氏春秋·季夏纪·圜道》，《吕氏春秋校释》，学林出版社 1984 年版，第 175 页。

不能相为"①。万物各从其类,各具其形,彼此并列而各居其位,其所显示的"地道",可以理解为"空间",它同样涵摄天地人,涵摄万物。可见,十二月令所提供的,首先是一个时空合体的宇宙模式,万物都被归置于统一的时空秩序之中。

然而,万物又在此时空秩序中不断生灭变化。其动力,来自精气一上一下即阴阳二气的不息运行。因而,标志着精气运行的圜道,即时间,在整个宇宙模式中便具有主导地位。圜道一周,便是一年。一年四时,阴阳二气各有比例。大体说来,春夏为阳,秋冬为阴。而冬夏两"至",为阴阳比例变化的关节点,"冬至"阴极生阳,"夏至"阳极生阴。② 阴阳二气弥纶天地四方,其变化也统领东南西北(隐含确定四方的参照点:"中"),大体是春主东,夏主南,秋主西,冬主北。这种观念的由来,非但与五方帝、五方臣的传说有关,有久远的神话学渊源,而且与四时日影测定,四时风向观察,都有莫大关系。于是,十二月令时空合体的宇宙模式,便具有一个突出的特点:以时统空,以四时辖五方。阴阳家将五方配以木火金水土五行,四时五方模式,用他们的语言,便成了阴阳五行模式。

"五声"音律,也被置入阴阳五行模式;春角,夏徵,秋商,冬羽,中宫。这种搭配,依据何在,历来解说不一,或以五音各自命名取象③,或以音之清浊取象④,要皆以音律之和为某时、某方阴阳二气特定比例到达和谐的象征。诚如《吕氏春秋·季春纪·圜道》所言:"今五音之无不应也,其分审也宫商角徵羽,各处其处,音皆调均,不可以相违,此所以不受(陈奇猷校:"'受'当系'侵'【㑴】字之误")也。"⑤高诱注:"各守其声,集以成和,故曰'其分审'。"高注肯定五音各属其时其方,各表某方某时天地阴阳之和,正得其实。

四时五行模式推衍为十二月令模式,四时剖分为十二月,五声推及十二

---

① 《吕氏春秋·季夏纪·圜道》,《吕氏春秋校释》,第172页。

② 四时变化,特重"日至",是一古老观念。《管子·侈靡》曰:"阴阳时贷,其冬厚则夏热,其阳厚则阴寒。是故王者谨于'日至',故知虚满之所在,以为政令,以制杀生。"

③ 如《汉书·律历志》:"商之为言章也,物成熟可章度也;角,触也,触地而出,戴芒角也",等等。

④ 如《礼记·月令》郑玄注:"凡声尊卑取象五行,数多者浊,数少者清,大不过宫,细不过羽。"

⑤ 《吕氏春秋校释》,学林出版社1984年版,第173页。

律，每月各中一律，意味着历法和律法都进一步严密化了。十二月记时法已见诸殷商卜辞，使用甚早；十二律名目最初见于《国语·周语》，则春秋时期周人知此甚明。黄钟一律，系十二律的音高的基准，“黄钟之宫，音之本也，清浊之衷也”（《吕氏春秋·仲夏纪·适音》），它规定着其他十一律的音高。月令模式中，黄钟被安排在十一月，与冬至日之风气相应。① 冬至，又称“短至”，正值一年中阴极阳生，一阳复始的关节点，冬至之月，恰是周历的正月。“周以十一月为正……律中黄钟，言气踵黄泉而出，故以为正也。”②黄钟作为音高基准和十二律之首，被安置于周人岁首，除了看成是周制遗痕，很难再作别的解释。

十二律的源起，有三说：一是起于黄帝命伶伦作律③；二是起于十二月之风气④；三是起于古之“神瞽”⑤。但不论何种说法，都一致肯定十二律包含固定的度数，可以通过数字运算而求得。其具体算法，即《吕氏春秋·音律》所谓“三分损益”，以黄钟管长九寸为基准⑥，“三分所生，益之一分以上生；三分所生，去其一分以下生”。亦即《淮南子·天文训》所云：“下生者倍，以三除之；上生者四，以三除之。”黄钟管长之三分之二，下生林钟（管长六寸）；林钟管长之三分之四，上生太蔟（管长八寸）……似此辗转相生，“太蔟生南吕，南吕生姑洗，姑洗生应钟，应钟生蕤宾，蕤宾生大吕，大吕生夷则，夷则生夹钟，夹钟生无射，无射生仲吕”，十二律毕矣⑦。这里上生属阳，为六律，所发为浊音；

---

① 《吕氏春秋·季夏纪·音律》：“大圣至理之世，天地之气，合而生风，日至则月钟其风，以生十二律。仲冬日短至，则生黄钟。”

② 蔡邕：《独断》，《四库全书》，子部10，杂家类2。

③ 《吕氏春秋·仲夏纪·古乐》，《汉书·律历志》从之。伶伦“听凤凰之鸣以别十二律”，韩林德以甲骨文“凤”即风神为据，断之为律与风相关的思想之神话化，诚为卓见。参韩作《境生象外》，三联书店1995年版，第197页。

④ 《吕氏春秋·季夏纪·音律》：“大圣至理之世，天地之气，合而生风，日至则月钟其风，以生十二律……天地之风气正，则十二律定矣。”

⑤ 《国语·周语下》：“律所以立均出度也。古之神瞽考中声而量之以制，度律均钟，百官轨仪……”

⑥ 《吕氏春秋·古乐》以黄钟长为三十九分。陈奇猷经考证，认为当从《淮南子》、《史记》、《说苑》改为九寸。见其《黄钟管长考》，《中华文史论丛（第一辑）》，中华书局1962年版。

⑦ 《管子·地员》，亦有载宫、商、角、徵、羽五音相生的“三分损益”法：“宫”为主音，“一而三之，四开以合九九”，其数81；三分益之以一而生商（$81\times4/3$），其数108；“不无有三分，而去其乘”以生商（$108\times2/3$），其数72；“有三分而复归其所”以生羽（$72\times4/3$），其数96；“有三分，去其乘”以成角（$96\times2/3$）其数64。此法或为十二律相生法之母本。

下生者属阴，为六吕，所发为清音；黄钟介乎清浊音之间，得其中和。十二律辗转相生，一阳一阴，一浊一清，周而复始，循环无穷，其中度数之整饬，实令古人惊讶。不怪东周景王时期（公元前554—520）的音乐家伶州鸠会认为此一度数出于天道：“纪之以三，平之以六，成于十二，天之道也。”（《国语·周语下》）更令人惊奇的，是这个“度律均钟”之数，与天文历算之数亦暗暗相合。例如三十度为一辰，三十日为一月，三百六十日为一期（jī），即“纪之以三”；六时为昼，六时为夜，六月为盈，六月为缩，六甲配五子合为六十日，六十年赤道退天一度，等等，即“平之以六”；而黄钟生十二律之循环无端，象征着天之十二方位，日之十二躔次，月之十二盈亏，星辰之十二宫，斗杓之十二建，岁之十二月，日之十二时之类，正所谓“成于十二”。① 因此，律历融通，有着数学上的根据。

汉代历学，在先秦“八节”的基础上，准确划分出一年中的二十四节气，使天文历法更见完密。汉代易学，更引历入易，建立了卦气说②。孟喜将坎、离、震、兑视为“四时之卦”，将复、临、泰、大壮、夬、乾、姤、遁、否、观、剥、坤十二卦，配入十二地支（又称十二辰：子、丑、寅、卯……），称为“十二消息卦”，其卦象中六爻的变化，象征一年十二月相关节气的阴阳消息，了了分明：

冬至十一月中为复䷗；

大寒十二月中为临䷒；

雨水正月中为泰䷊；

春分二月中为大壮䷡；

谷雨三月中为夬䷪；

小满四月中为乾䷀；

夏至五月中为姤䷫；

大暑六月中为遁䷠；

处暑七月中为否䷋；

秋分八月中为观䷓；

---

① 参考朱载堉：《乐律全书·律历融通》卷三《律数》，万有文库本。

② 引历入易，流行于西汉宣、元之际。据《汉书·魏相丙吉传》，魏相曾向宣帝进《易阴阳明堂月令》，已将震、离、兑、坎、艮五卦配四时、五方。孟喜更推扩为六十四卦配二十气、七十二候。

霜降九月中为剥䷖；

小雪十月中为坤䷁；

至哀、平之际，谶纬盛行，易纬则将十二消息卦配以十二律，诸家所主有异；至东汉魏伯阳，才在早期道教经典《周易参同契》中，按黄钟建子为“复”，丑之大吕为“临”、寅之辐辏（太蔟）为“泰”的顺序，将十二消息卦的卦次与十二节气十二律吕的关系确定下来。① 朱载堉就此评论道：“阴阳消长，如环无端，不特见卦画之生如此，而卦气之运亦如此，自然与律之阴阳消长相为配合。《大传》所谓‘易与天地准，故能弥纶天地之道’，于此亦可见其一端。”②

从秦人的月令模式，到汉人以卦象配律吕，思致虽更趋完密，但基本观念并无改变。就是说，在律历融通的文化现象中，保持着若干文化观念的硬核。对此，朱载堉有一精审论述：

> 历有五纬七政，律有五声七始，故律历同一道：天之阴阳、五行、一气而已。有气必有数有声，历以纪数而声寓，律以宣声而数行，律与历同流相生……故《周髀》曰：“冬至夏至，观律之数，听钟之音。”知寒暑之极，明代序之化。③ 是知律者历之本也，历者律之宗也，其数可相倚而不可相违，故曰“律历融通”，此之谓也。④

律历是同一“天道”的体现，律与历，声数相涵而相宣；律与历，同流而相生，共同刻画出宇宙的内在结构。如诉之以今日哲学语言，可抽绎为三大要旨：

第一，以气论为基础的阴阳五行模式，是“律历融通”的理论依托。五音配四时五方也好，十二律配十二月、五方也好，其基本观念是时空一体，以时统空。空间有形，时间无形。而处于时空中之万物，无不与时俱化，此一生灭变化，神妙莫测，欲求其“神理”，就须自有形察无形，把握不可见的时间运行规律。其主要手段是观天象，察日影，参之以候气、应律，以补不足。《乐纬·乐动声仪》说：“六律六吕，以合阴阳之声。文之以五声，播之以八音，令相生之

---

① 朱载堉：《乐律全书·律历融通》卷三，《律象》。

② 朱载堉：《乐律全书·律历融通》卷三，《律象》。

③ 《周髀算经》：“冬至夏至，观律之数，听钟之音。”汉人赵君卿注：“观律数之生，听钟音之变，知寒暑之极，明代序之化也。”

④ 《乐律全书·律历融通·序》，万有文库本。

道以正时也。”[1]在古人看，“正时”，“敬授民时”，是把握宇宙动态结构的关键；而能播之八音的十二律吕，其相生之道，恰有“正时”的巨大功能。

第二，律历融通采用的是“运数比类”的方法。正如冯契所指出，十二月令和史书《律历志》所反映的，是一种共同的观念：“天体的运行、自然界万物的生长和人类社会的演变，都与音律和历法一样，是阴阳对立势力的消长，在数量关系上有共同的秩序。”[2]天文历算各有其数，律吕相生亦各有其数，两数固不相合，亦无机械因果的决定关系，但它们各自所显示的阴阳消长的变化，却有着共同的秩序，因而彼此可以构成类比，即司马迁所谓：“形理如类有可类。或未形而未类，或同形而同类，类而可班，类而可识。”（《史记·律书》）“类而可班”是有类比附，而非主观随意的无类比附，所谓“牵强附会”；有类比附则“类而可识”，事物由于被置入有机的宇宙系统而被赋予某种本性，所以能够提供某种合乎科学的知识。“律”与“历”的比配，即是如此。

第三，律历融通赋予音乐以沟通天人的伟大功能。它建基于生生气化的宇宙观，为我们提供一个节奏从容的宇宙。它有势而有情，即是说，它内部充满了必然性，有永恒的动力，又对人显示着意义和情味，正如宗白华所阐明的：

> 四时的运行，生育万物，对我们展示着天地创造性的旋律的秘密。一切在此中生长流动，具有节奏与和谐。古人拿音乐里的五声配合四时五行，拿十二律分配于十二月（《汉书·律历志》），使我们一岁中的生活融化在音乐的节奏中，从容不迫而感到内部有意义有价值，充实而美。[3]

正因为“律历融通”具有宇宙构成论、认识论和审美论的深广内涵，宗白华从文化哲学高度为之冠以“律历哲学”的名号，确系名实相副。

5.律历哲学与阴阳五行学说

律历哲学，虽本于阴阳五行的宇宙模式，但并不如崔述所言，是摭拾邹衍之言杂凑而成的邪说。邹衍本人固以阴阳五行之学名家，但阴阳五行观念却非必邹衍而后有。日本人能田忠亮曾根据《月令》所记载的星象进行计算，认

---

① ［清］黄奭辑：《乐纬》第2卷，上海古籍出版社1993年版。

② 冯契：《智慧的探索》，华东师范大学出版社1994年版，第200页。

③ 《宗白华全集》第2卷，第404页。

为《月令》成书的年代是公元前620±200年,最晚也是前五世纪的作品①,而邹衍生当前三世纪(约公元前305—240),相差近两百年。

“阴阳家者流,盖出于羲和之官,敬顺昊天,历象日月星辰,敬授民时,其所长也。”(《汉书·艺文志》)阴阳五行的思想,与“观象授时”的天文历法同一源流,其来可谓尚矣。

律历融通,也大有来历。司马迁说过:“旋玑玉衡以齐七政,即天地二十八宿。十母,十二子,钟律调自上古,建律运历造日度,可据而度(duo)也。”(《史记·律书》)古人凭借旋玑玉衡这类仪器②,测定七政(按即“七正”,指日月五星)在二十八宿的运行位次,以十天干、十二地支和钟律这类人工指号来标示其运行秩序,旨在求历法之精确,即所谓“正天时”。建律与运历结合,成为天文历法可以信据的传统。司马迁将这个传统追源于“上古”,直至黄帝作历制律的神话传说时代。

日月五星的运行位次,是历法的基础。日月,被称为“阴阳之精”;五星又称“五纬”,即木、金、火、土、水五大行星,被奉为“五行之精”③。中国天文历法最重视的“七政”之中,就隐涵阴阳、五行观念的因子。

阴阳五行学说在中国古代的历史发展,至今仍有待厘清。有人认为,阴阳思想和五行思想本为各自独立发展的体系,至《管子》始行合流。这个看法还可以讨论。

笔者数年前曾就此表示过一种意见:

> 中国古代很早就用阴阳五行观念来解说时间空间。这一观念,源远流长,有其初始形态。刘起釪先生认为,五行初义即指金木水火土五星(战国称太白、岁星等等),“‘五星’为‘五行’一词的不祧之祖。”④庞朴先生则指出,五行起于五方观念,“以方位为基础的五的体系,正是五行说

① 李约瑟:《中国科学技术史》第4卷,科学出版社1975年版,第59页。

② 李约瑟据吴大澂、劳佛(Laufer)、米歇尔(Michel)等人意见,认为旋玑玉衡即璧与琮。它们原是天文观测仪器,而在殷周两代,已成为象征天地的玉制礼器。见《中国科学技术史》第4卷,第399页。

③ 张衡:《灵宪》,《全后汉文》卷五十五。

④ 刘起釪:《释〈尚书·甘誓〉的“五行”与“三正”》,《文史》第七辑,中华书局1979年版,第13页。

的原始。”①刘说着眼时间，庞说着眼空间，两说都堪称精辟，非但不相矛盾，而且可以相互补充。②

阴阳五行思想的核心，是时空合体，四时统领五方，以构成统一的宇宙模式。这个模式，则是明堂之制的哲理化。“明堂是一种宗教礼仪性质的建筑，帝王按月居住在明堂不同房室的规定，正对应于人类学所说的‘仪式历法’（Ceremonial calendars），其起源应上溯到史前定居农业文化开始的时代，要比文明社会中产生的思想学说古老得多。”③

明堂之制，传为黄帝所立，“夏后氏曰世室，殷人曰重屋，周人曰明堂”④。夏制已不可考，殷商之制，却可见诸殷墟卜辞。丁山先生据殷王在宫中按时令别室而居的记载，以为此制即明堂宗教礼仪的雏形，而明堂月令中的阴阳五行思想，也由此可见端倪。

> 殷王二月，“宅东寝”，五月宅“水寝”，十月至十二月宅“寇寝”，其起居按着时令而转徙其方位，与《吕览·十二纪》所传说的天子“春居青阳，夏居明堂，秋居总章，冬居玄堂”密合无间，可见明堂月令那套阴阳五行的思想，殷商之世，即已造其端绪，非如《荀子·非十二子》言“子思唱之，孟轲和之”，更非如近儒所考证的都是邹衍所造说了。⑤

周人明堂之制，自其建筑言，“体象乎天地，经纬乎阴阳，据坤灵之正位。倣太紫之圆方”（班固：《两都赋》），是象征天地结构的宇宙模式的物化形式；就功能言，这里展开的是天子祭天祀祖，教胄子，察天气⑥，发布政令的全套礼仪。天子之所以“立明堂之朝，行明堂之令”，为的是“仰取象于天，俯取法于地，中取法于人……以调阴阳之气，以和四时之节，以辟疾病之灾”⑦。可见明堂之制，实质是效法天地阴阳的和谐秩序，它是宇宙模式的象征，同时是人文

---

① 庞朴：《阴阳五行探源》，《中国社会科学》1984年第3期。

② 汪裕雄：《意象探源》，安徽教育出版社1996年版，第91页。

③ 叶舒宪：《中国神话哲学》，中国社会科学出版社1992年版，第166页。

④ 蔡邕：《明堂论》，《全后汉书》卷八十。

⑤ 丁山：《商周史料考证》，中华书局1988年版，第102页。着重号原有。

⑥ 古有“灵台”，为天子观祲象、察气之妖祥之所，夏、商既有其制。贾逵、服虔注《左传》云：“灵台在太庙明堂之中”。参《毛诗·灵台》孔疏，《十三经注疏（标点本）·毛诗正义》，北京大学出版社1999年版，第1038—1042页。

⑦ 《淮南子·泰族训》，《淮南鸿烈集解》，中华书局1989年版，第671页。

模式的象征,其中蕴涵着人与自然和谐(顺应自然秩序)、人与人关系和谐(效法自然以建立人文秩序)的理想。

用“道”、“阴阳”、“五行”(木、火、土、金、水)这一套范畴和术语,加上一套神秘数字的运算,代入明堂制所构筑的模式,就成了内容丰赡的阴阳五行学说。就现今可见的文献判断,它最初的完整表述,是在战国中期出现的黄老学派代农作《管子》一书之中。

《管子》有《幼官》篇及《幼官图》。“幼官”,何如璋校读为“玄宫”,以为“‘玄宫时政’犹明堂之月令”。闻一多从之,并谓:“玄宫,即明堂也。本篇所纪,大似《月令》。”①郭沫若善何、闻之说,并复原“玄宫图”②,注云:“以此文字构成一明堂图案,虽属游戏,亦见匠心。”郭氏未能深体明堂月令之严重政治、宗教意义,“游戏”云云,诚然失察,但恢复“玄宫图”原貌,却使玄宫“四时教令”(即所谓“玄宫时政”),一目了然。

玄宫分中央、东、南、西、北五室,各主五、八、七、九、六之教,下辖春、夏、秋、冬四时,以行四时之政。

> 【中央】五和时节,君服皇色,味甘味,听宫声,治和气,用五数,饮于黄后之井,以倮兽之火爨,藏温濡,行敺养,坦气修通,凡物闲静,形生理。
>
> 【东】春行冬政,肃;行秋政,雷(石一参校作“霜”);行夏政,则阉。十二,地气发,戒春事。十二,小卯,出耕。十二,天气下,赐与。十二,义气至,修门闾。十二,清明,发禁。十二,始卯,合男女;十二,中卯;十二下卯;三卯同事。
>
> 八举时节,君服青色,味酸味,听角声,治燥气,用八数,饮于青后之井,以羽兽之火爨,藏不忍,行敺养,坦气修通,凡物闲静,形生理。
>
> 【南】夏行春政,风;行冬政,落,重则雨雹;行秋政,水。十二,小郢,至德。十二,绝气下,下爵赏。十二,中郢,赐与。十二,中绝,收聚。十二,小暑至,尽善,十二,中暑;十二,大暑终;三暑同事。
>
> 七举时节,君服赤色,味苦味,听羽声,治阳气,用七数,饮于赤后之井,以毛兽之火爨。藏薄纯,行笃厚,坦气修通,凡物闲静,形生理。

---

① 郭沫若:《管子集校》,《郭沫若全集·历史编》第5卷,人民出版社1984年版,第188—190页。

② 图见上书第252页后插页。

【西】秋行夏政,叶;行春政,华;行冬政,耗。十二,期风至,戒秋事。十二,小卯,薄百爵。十二,白露下,收聚。十二,復理赐与。十二,始前节,第赋事。十二,始卯,合男女;十二,中卯;十二,下卯;三卯同事。

九和时节,君服白色,味辛味,听商声,治湿气,用九数,饮于白后之井,以介虫之火爨。藏恭敬,行搏锐,坦气修通,凡物闲静,形生理。

【北】冬行秋政,雾;行夏政,雷;行春政,烝泄。十二,始寒,尽刑。十二,小榆,赐与。十二,中寒,收聚。十二,中榆,大收。十二,寒至,静;十二,大寒之阴;十二,大寒终;三寒同事。

六行时节,君服黑色,味咸味,听徵声,治阴气,用六数,饮于黑后之井,以鳞兽之火爨。藏慈厚,行薄纯,坦气修通,形理生。

上引,略去了五方各自的另外两层表述,大抵属人君南面术的经验之谈,涉及君臣、五霸(德与刑)、军事、邦交等项内容。而上述的四时教令,则是这些议论的出发点和基本依托。①

《管子》的《四时》、《五行》篇,可视为对玄宫(明堂)四时教令的理论解说。《四时》主旨是三个字:"令有时。"所谓"不知四时,乃失国之基","阴阳者,天地之大理也;四时者,阴阳之大经也;刑德者,四时之合也",这样极端地强调顺应四时的必要性,只有结合明堂礼制,才能有合宜的解释。

《五行》篇着重点有所不同。它从人事出发,主旨在人如何发挥主观努力以"衔天地"。"衔",可训为通达。人欲通达天地,主要依赖于"建律运历",即以律历融通的人为方式通达阴阳二气。因而毫不奇怪,《五行》何以要拿突出篇幅来述说律历的相互关系。

货曋神庐(沫若案:"'神庐'指心言,《内业》篇所谓'精舍'也"),合于精气。已合而有常,有常而有经。审合其声,修十二钟以律人情。人情已得,万物有极,然后有德。故通乎阳气,所以事天也,经纬日月,用之于民;通乎阴气,所以事地也,经纬星历,以视其离〔许维遹:"离"读为列〕,通若道,然后有行。

文中又以黄帝调律建历的典范,重申律历融通是通向理想治世的必然途

① 如就《管子》四时教令与"月令"中四时模式比较,则"四时"配五方(中央土,"土德实辅四时"),五方各主其数、其律、其气、其农事,两者大体一致。《玄宫》"四时"按十二日一节安排农事,与以十五日为一节的二十四气说不一,前者或为后者的初始的、未充分规范的形式,待考。

径：

昔黄帝以其缓急作立五声以政五钟，令具五钟：一曰青钟，大音；二曰赤钟，重心；三曰黄钟，洒光；四曰景钟，昧其明；五曰黑钟，隐其常。

五声既调，然后作立五行以正天时，五官以正人位。人与天调，然后天地之美生。

“作立”，是始立的意思。黄帝创五声正五钟，“然后”依钟律创“五行”①，立“五官”，正天时，正人位，务使宇宙秩序、人文秩序一归于声律之谐和，如此则“人与天调，然后天地之美生”。音乐足以沟通天人，进达治世，真可谓“其时义大矣哉”！

然而，声律的神奇功能究竟怎样实现？引文前段作了回答。“货曋神庐，合于精气”，“货曋”犹“化运”，“神庐”犹“精舍”，人的心灵化运为某种状态，就能与精气相合。② 人心与精气合而“有常”、“有经”，就是说有一定度数。按照这个度数来制定声律（“审合其声”），此声律（这里指十二钟律）便既可规范人情，又可通乎阳气阴气，可以事天事地（暗指运历、候气）。由此可见，《管子》一书作者，已在精气论基础上形成天、地、人有机统一，心与物交互感应的思想。这个统一，不是实体性的而是类比的、象征的统一；这个感应，是情感的价值的认同和感发。这一思想虽在四时教令或明堂月令的模式中孕育而成，然而它一旦获得独立理论形态，经过历代发挥，便足以形成一种独特的宇宙观——李约瑟所称的“有机主义”宇宙观。他写道：

中国思想中的关键词是“秩序”（order），尤其是“模式”（pattern）［以及“有机主义”（organism）］，象征的相互联系或对应都组成了一个巨大模式的一部分。事物以特定的方式而运行，并不必然是由于其他事物的居先作用或者推动，而是因为它们在永恒运动着的循环的宇宙之中的地位使得它们被赋予了内在的本性，这就使那种运行对于它们成为不可避免的……它们是有赖于整个世界有机体而存在的一部分。它们相互反应倒

---

① 此处“五行”当指经纬日月、星历。参读这两段引文，可知刘起釪先生谓“‘五星’，为‘五行’，一词不祧之祖”，其言足信。

② 《管子·内业》：“圣人与时复而不化，从物而不移。能正能静，然后能实，实心在中，耳目聪明，四肢坚固，可以为精舍。”又谓：“（物欲）一往一来，莫之能思，失之必乱，得之必治，敬除其舍，精将自来。”

不是由于机械的推动或作用,而无宁说是由一种神秘的共鸣。①

这就是一位西方科学家心目中的阴阳五行观念。它像一柄双刃剑,既尊重宇宙万物有机的系统的联系,引导中国古代技术文明成就了举世皆知的伟大发明,也因其神秘感应被应用于预言妖祥灾异、五德终始,流为迷信方术。这一素朴的有机主义宇宙观,始终未能将中国技术文明,推进到近代科学的水平。

宗白华从另一个角度谈论过这种古老宇宙观的两重性:

(中国)长期封建,缺点不能征服自然,生产停留在自然经济。科学不发达,但在艺术上有它的好处,类似希腊奴隶社会,人类儿童时代,为希腊艺术优越之特殊条件。

"好处"在哪里呢? 宗先生又说:

生生气化的宇宙观。节奏从容的宇宙。希腊的形式美,基于奴隶制民主社会中之尚秩序、尚组织的数学精神,表现于几何学、数学、天文学及希腊庙。中国之形式美,来自封建社会之等级制,尚礼法,重度数,尚自然的农业季节秩序。②

"尚自然的农业季节秩序",集中体现在"律历哲学"上。它给中国艺术带来什么"好处",怎样规定中国艺术形式之美,成为宗先生追索终生的最大理论兴趣之所在。

第二节　律历哲学:中国艺术的生命之源

"大乐与天地同和。"《乐记》这句人人耳熟的名言,历来被看成古代儒者谈艺论乐的门面语、口头禅,而一旦被安放在律历哲学的语境中解读,便不难发现,其中包含着我们的先人对于艺术的形而上思考:所谓"大乐",不再是简单的人为造作,而是一个音乐化的宇宙的自我呈现,一个天地人和谐统一的超越境界,一个中国人世世代代不息追求的永恒梦想。

① 《中国科学技术史》第2卷,科学出版社、上海古籍出版社1990年版,第305页。

② 《宗白华全集》第3卷,第381页。

1.宇宙生命的音乐:“无声之乐”

按律历哲学,中国人无时无地不生活在音乐般的节奏里:天地的动静、四时的节律、昼夜的来复、生长老死的绵延……无一不启示人以一种宇宙的音乐。

这是一种“无声之乐”。它是“天地运行的大道”①,也就是“宇宙里最深微的结构形式”②。多少古代哲人、殚精竭虑,在思考它的奥秘;多少古代诗人艺术家,情思飞逸,力求把捉和展现它的奥秘。

老子说:“大音希声。”(《老子》41 章)王弼注:“大音,不可得闻之音也……故有声音,非大音也。”大音虽不得而闻,“无声无响”,然而能“无所不通,无所不往”。(《老子》14 章王弼注)一种不能以感官直接觉知的节奏和旋律,遍布于天地万物的运行之中,此所谓“大音”,实即大道。把握这个大道,端赖体悟工夫:“致虚极,守静笃,万物并作,吾以观复。”(《老子》16 章)以虚静的心胸,从万物争荣的蓬勃生长中直悟周行不殆的大道,此时此际,胸中有“大音”奏焉。

庄子论道,也多及无声之乐。道,渊穆澄清,无声无迹,唯“王德之人”可以体之:“视乎冥冥,听乎无声。冥冥之中,独见晓焉;无声之中,独闻和焉。故深之又深而能物焉,神之又神而能精焉。”(《庄子·天地》)

无声之和,又称“至乐”。庄子用一则黄帝说乐的神话,揭示了“至乐”的真谛。北门成于洞庭之野听黄帝奏《咸池》之乐,始而惧,继而怠,卒而惑,“荡荡默默,乃不自得”,问之所以。黄帝答曰,我之所奏,乃是“至乐”。

> 夫至乐者,先应之以人事,顺之以天理,行之以五德,应之以自然,然后调理四时,太和万物。四时迭起,万物循生;一盛一衰,文武伦经;一清一浊,阴阳调和,流光其声。③

“至乐”是天人之和的象征。一阴一阳,流行变转,生养万物。为使阴阳不致失和,先王应人事、顺天理,调理四时,调和阴阳,使万物都能在一和谐的节律中展现生命,组成美妙的宇宙乐章。用《管子·五行》篇的话来说,即是进达“人与天调,然后天地之美生”的境界。

---

① 宗白华:《艺术与中国社会》,《宗白华全集》第 2 卷,安教育出版社 1994 年版,第 413 页。

② 宗白华:《中国古代的音乐寓言与音乐思想》,《宗白华全集》第 3 卷,第 438 页。

③ 《庄子·天运》,郭庆藩《庄子集释》,中华书局 1961 年版,第 502 页。

老庄追求天人之和，侧重于以人事效法天地自然之道。所以郭象于“一清一浊，阴阳调和，流光其声”之句有注：“自然律吕以满天地之间，但当顺而不夺，则至乐全矣。”成玄英疏云：“清，天也。浊，地也。阴升阳降，二气调和，故施生万物，和气流布，三光照烛，此谓至乐，无声之声。”①一注一疏，合而观之，不难见其律历哲学的底色。自然之道，就是充溢于天地的自然律吕，就是“一个五音繁会的交响乐”②，它是无声的“至乐”，黄帝所奏的《咸池》之乐。不过是将它诉之于管弦罢了。

儒家也重视“无声之乐”。《礼记·孔子闲居》借孔子的名义提出：“夫民之父母乎，必达于礼乐之原，以致五至而行三无。”所谓“三无”，即指“无声之乐，无体之礼，无服之丧”。对“无声之乐”，孔子曾引《诗·周颂·昊天有成命》的诗句以譬之：“‘夙夜其命宥密’，无声之乐也。”郑玄注：“言君夙夜谋为政教以安民，则民乐之。此非有钟鼓之声也。”孔颖达疏：“言早夜谋为政教于国，民得宽和宁静，民喜乐之。于是无钟鼓之声而民乐，故为‘无声之乐’也。”③

《大戴礼记·主言》亦有“三至”之说：“至礼不让而天下治，至赏不费而天下之士说，至乐无声而天下之民和。”④与上引《礼记》文意仿佛，这里的“至乐无声”。也着眼于王道教化，旨归在社会人伦之和。两者推重的都是音乐的教化功能：“乐者，通伦理者也。”⑤

儒道两家同倡“至乐”，一重自然之道，一重政教之道，都具有超越俗世的象征性质，都象征着只有古代圣王才能获致的“至和”之境。所谓“至乐”，决非凡响，决非世俗中人所能述作，所能欣赏。

魏晋玄学勃兴，以有无之辨将“无声之乐”与“有声之乐”通贯为一体。“大音”听之不可得而闻，“音而声者，非大音也”。然而“五音不声，则大音无以至”，“五音声而心无所适焉，则大音至矣”。⑥ 就是说“大音”（无）虽系宗

① 郭注成疏均见郭庆藩《庄子集释》，中华书局1961年版，第503页。

② 宗白华：《中国古代的音乐寓言与音乐思想》，《宗白华全集》第3卷，第438页。

③ 《十三经注疏（标点本）·礼记正义》，北京大学出版社1999年版，第1394页。

④ 《大戴礼记》卷一，《四部丛刊》影印明嘉趣堂本。

⑤ 《礼记·乐记》，《十三经注疏（标点本）·礼记正义》，北京大学出版社1999年版，第1081页。

⑥ 王弼：《老子指略》，《王弼集校释》，中华书局1980年版，第195页。

主，是本，但它寓于“五声”（有），寓于末。执五声而悟大音，自有悟无，这就是“崇本以举末”①，由有限而得无限。而这，全仰仗于“心无所适”，即心灵自由无羁的感悟功能。王弼谈乐，只是为他论证本无哲学作举证，却得出了对“无声之乐”的全新理解，把古代乐论中形而上境界和形而下经验完全打通。

循着王弼的思路，嵇康“师心独见”（刘勰：《文心雕龙·论说》），创立“声无哀乐”论。他以为，音律与四时风气相应，皆自然相待，不假人为，因而“音声有自然之和，而无系于人情”。此论与“律历哲学”隐然相接，遥遥呼应。对于“无声之乐，民之父母”这个儒家著名命题，他也做了全新的解释。他斩断了“乐与政通”的旧的思维之链，主张“乐之为体，以心为主”。② 这个“心”，即嵇康描述过的“旷然无忧患，寂然无思虑，又守之以一，养之以和，和理日济，同乎大顺”的“和心”，直白说，即是“人与天调”的和谐之心。这种“和心”③，乃是一切音乐的大本大源。

> 和心足于内，和气见于外，故歌以叙志，舞以宣情。然后文之以采章，照之以风雅，播之以八音，感之以太和，导其神气，养而就之，迎其情性，致而明之，使心与理相顺，和与声相应，合乎会通，以济其美。④

这样的音乐，便意味着多重和谐：一是音声自然之和——物质形式的和谐；二是志气颐养之和——主体情性的和谐；三是天人谐调之和——感悟会通的和谐。三者通贯为一，于是，音乐可以“兼御群理，总发众情”⑤，有声通达无声，个我通达天地，岂是一己哀乐之情所能范围！

三重和谐之中，嵇康最重视的是“和心”——主体情性之和，用今日的话来说，就是音乐化的心灵。这样的心灵，可由养生、养神而成就；这样的心灵，也可以由外发得到同构形式而成就为音乐。音乐既是“和心”的物质形态化，也是“导养神气，宣和情志”⑥，即养生养神的重要手段。

这就把音乐的创造和欣赏，提到人格建构的高度。而嵇康本人，又是借音

---

① 王弼：《老子38章》注：“守母以存其子，崇本以举其末，则形名俱有而邪不生，大美配天而华不作。”

② 嵇康：《声无哀乐论》，《全三国文》卷四十九，第1333页。

③ 嵇康：《养生论》，《全三国文》卷四十八，第1324页。

④ 嵇康：《声无哀乐论》，《全三国文》卷四十九，第1332页。

⑤ 嵇康：《声无哀乐论》，《全三国文》卷四十九，第1332页。

⑥ 嵇康：《琴赋》，《全三国文》卷四十七，第1319页。

乐颐养人格的伟大实践者。他“博综技艺，于丝竹特妙”。一生酷嗜音乐，养成“志远而疏”的人格①；他临刑东市，索弹《广陵散》，然后从容赴死，直以音乐为生命。从他留下的诗句也可以看出，音乐的缈远情思如何令其“志远”：“手挥五弦，目送归鸿，俯仰自得，游心太玄”；“藻汜兰池，和声激朗，操缦清商，游心大象”。而自由不羁的琴声，又如何令其疏放：“初若相乖，后卒同趣，或曲而不屈，直而不倨，或相凌而不乱，或相离而不殊”②。他的人格，是音乐化的人格；他的心灵，是音乐化的心灵。

“理想的人格，应该是一个‘音乐的灵魂’。”③它一旦在士林被树为典范，便会闪发出巨大的辐射能量。魏晋期间以“风韵气度”品藻人物，所起作用就是这样。“自三代秦汉，非声不言韵；舍声言韵，自晋人始。”④于是，陆机倡“课虚无以责有，叩寂寞以求音”，将文章写作，喻之为弦张唱应（《文赋》）；陶渊明有无弦琴之设，“每有酒适，辄抚弄以寄其意”（《宋书·隐逸传》）；宗炳将其所画山水悬之壁上，对着弹琴，谓人曰：“抚琴动操，欲令众山皆响”……

源远流长的“无声之乐”的文化传统，养育了中国艺术家活跃的、至动而有韵律的音乐心灵。“这一幅字就是生命之流，一回舞蹈，一曲音乐”⑤，因而“书境同于画境，并且通于音（乐）的境界”⑥。中国的书艺、画艺、诗艺，都无一例外，统统音乐化了：“一个充满音乐情趣的宇宙（时空合一体）是中国画家、诗人的艺术境界。”⑦

英人佩特（W.Pater·1834—1894）曾从唯美主义的立场作出一个判断：“一切艺术都趋向于音乐的状态。”（All arts aspire to the condition of music）重视“无声之乐”的中国古代艺术家，得之早矣！

---

① 向秀：《思旧赋·序》，《全晋文》卷七十二，第1876页。

② 嵇康：《琴赋》，《全三国文》卷四十七，第1320页。

③ 宗白华：《艺术与中国社会》，《宗白华全集》第2卷，第416页。

④ 范温：《潜溪诗眼》，转引自钱钟书：《管锥编》，中华书局1979年版，第1362页。

⑤ 宗白华：《中西画法所表现的空间意识》，《宗白华全集》第2卷，第144页。

⑥ 宗白华：《中西画法所表现的空间意识》，《宗白华全集》第2卷，第145页。括号内“乐”字原脱。

⑦ 宗白华：《中国诗画中所表现的空间意识》，《宗白华全集》第2卷，第434页。

2.万物生命的节律:“气韵生动”

经过魏晋玄学的洗礼,“无声之乐”从传说中圣王的天界下落凡尘。从神秘感应的“宇宙音乐”,下落为士人的心灵,万物的“气韵”。

南朝齐人谢赫,铸就“气韵生动”一语,置于绘画“六法”之首,成为品鉴画艺千古不易的首要标准。自南朝下迄唐宋,“气韵”一语逐渐向整个艺苑推扩:“盖初以品人物,继乃类推以品人物画,终则扩而充之,并以品山水画焉。风扇波靡,诗品与画品归于一律。”①此时,诗画均以得“韵”为极致:“凡事(按指艺事)既尽其美,必有其韵,韵苟不胜,亦亡其美。”②

什么叫做“气韵”?钱钟书先生借司空图《诗品·精神》中“生气远出”一语释之:“‘气’者‘生气’,‘韵’者‘远出’。”言简而意赅。宗白华先生则自哲学角度作解,又进一境:

> 气韵,就是宇宙中鼓动万物的“气”的节奏与和谐。绘画有气韵,就能给欣赏者一种音乐感。③

照宗先生看,“气韵生动”之说,源出中国古代“气化”的宇宙观:“我们宇宙既是一阴一阳、一虚一实的生命节奏,所以它根本上是虚灵的时空合一体,是流荡着的生动气韵。”④由此看来,西方学者译“气韵”为“具节奏之生命力”(rhythmic vitality),实已得其仿佛。⑤

若以“生气远出”释“气韵”,需知此“生气”不唯来自对象的生命,抑且来自宇宙生命,来自艺术家心胸。中国诗画也讲“写生”,但并非直摹对象所有细部以求逼肖,而是着力凸显其生命情态,以追求“远韵”:“窥目造化,体味深刻,传神写照,万象皆春。”宗先生拈出王船山一段诗论,以证此写实精神:

> 君子之心,有与天地同情者,有与禽鱼草木同情者,有与女子小人同情者,有与道同情者——悉得其情,而皆有以裁用之,大以体天地之心,微以备禽鱼草木之几。⑥

---

① 钱钟书:《管锥编》,中华书局1979年版,第1356页。

② 范温:《潜溪诗眼》,转引自钱钟书《管锥编》,中华书局1979年版,第1362页。

③ 《中国美学史中重要问题的初步探索》,《宗白华全集》第3卷,第465页。

④ 宗白华:《中国诗画中所表现的空间意识》,《宗白华全集》第2卷,第441页。

⑤ 然此译却为钱先生所未许,讥之为“悠谬如梦寐醉呓”(《管锥编》,第1354页),不无小失。

⑥ 转引自《宗白华全集》第2卷,第325页。

这里所说的“君子之心”，即是中国士人世代追求的一种直通天地之道、抚爱人间万物的音乐化心灵。“大以体天地之心，微以备禽鱼草木之几”，恰是这一心灵所体验所同情的两极——宏观与微观两极。

中国典籍言“天地之心”，素有两说：一是《礼记·礼运》标举的“人者，天地之心也”；一是《周易·象传》释“复卦”之“复”：“复，其见天地之心乎！”前者自天、地、人三者关系立论，张扬了“以人为本”的思想。诚如孔颖达《正义》所云：“天地高远在上，临下四方，人居其中央，动静应天地，天地有人，如人腹内有心，动静应人也，故云‘天地之心也’。王肃云：‘人于天地之间。如五藏之有心矣。’人乃生之最灵，其心五藏之最圣也。”①《周易·象传》则自天地自身立论。作传者解说复卦之卦爻辞“反复其道，七日来复”为“天行也”，即天道自身的运行节律。② “复”何以可见“天地之心”？易学家据该卦“一阳复于下”的卦象为说，有主静、主动不同理解。王弼注：“天地虽大，富有万物，雷动风行，运化万复，寂然至无，是其本突。故动息地中，乃天地之心见也。”③欧阳修则云：“天地之心见乎动。复也，一阳初动于下矣，天地所以生万物者本乎此，故曰‘天地之心’，天地以生万物为心也。”④但照《周易》，动静不二，“动息地中”正是生命活跃的征兆，因此，天地“生生之大德”即是“天地之心”，“天地以生万物为心”，其最终根据，依然是易传所谓“一阴一阳之谓道”。

王夫之所说“微以备禽鱼草木之几”，也可追溯到《周易》。《系辞》提出，易理在教人“研几”与“知几”。而所谓“几”，照孔颖达《正义》，其义一是“有初之微”：“几者，离无入有。是有初之微”；⑤一是“动之微”：“几是离无入有。在有无之际。”⑥要之，指在无形无迹的阴阳二气鼓荡下，万物萌生、成长、变化的隐微征兆，万物生命活动由无入有的神妙情态。“研几”、“知几”形成的文化传统，滋育着中国诗人画家的艺术心灵，养成他们对每一瞬间万物生命精微

---

① 《十三经注疏·礼记正义》，北京大学出版社 1999 年版，第 699 页。

② 叶舒宪于此有一推测：处于神话时代的人们在解释宇宙时空的起源时，以“七”为三维空间的极限数字，“七日象征着时间的极限，正像七方象征着空间的极限一样”。其说可供参考。见《中国神话哲学》，中国社会科学出版社 1992 年版，第 308 页。

③ 《十三经注疏·周易正义》，北京大学出版社 1999 年版，第 112 页。

④ 欧阳修：《易童子问》卷一，《欧阳修全集·居士外集》卷二十五。

⑤ 《十三经注疏·周易正义》，北京大学出版社 1999 年版，第 285 页。

⑥ 《十三经注疏·周易正义》，第 308 页。

变化的特殊敏感，努力捕捉之，表现之，于是中国诗人画家笔下，“山川、人物、花鸟、虫鱼，都充满着生命的动——气韵生动”。①

可见，“气韵生动”关乎中国艺术，实不在一枝一节。中国山水诗画之成为世界艺苑一绝，中国艺术家观物方式之俯仰往还，远近取与，中国诗画之特重虚实相生……均与“气韵生动”有莫大关系。而“气韵”一语，来自“无声之乐”，伏源于律历哲学，其文化承传，确乎悠远。所以，邓以蛰先生《画理探微》直称“气韵生动”为“艺术之理”：“盖艺术仅有种类之不同，而艺术之理则当一致。此理为何？曰：气韵生动是也。”②他更指出，由气韵生动可探求宇宙玄理：

> 古人画家者流果期期以天地之心，画者之心，鉴者之心为一心，求其画逼近于此心，方号成功。此心为何？吾犹曰：气韵生动是也。③

邓先生和宗先生都从20世纪20年代后期开始于大学讲授美学，一在北京，一在南京，时人有“南宗北邓”之称，而两位又都长于哲学思考，他们对“气韵生动”的命题，有许多相通的会心，原因就在他们都共同拥有一颗中国式的艺术心灵。

宗白华懂得，建基于律历哲学的音乐化宇宙观，是古代农业社会的产物，它所安排的，主要属于农业季节的人生秩序。这种古旧的“日出而作，日入而息”的秩序，随着近代工业技术文明的到来，在西方，已成为陈迹，在中国，也将成为陈迹。生活的节奏，已经无可挽回地根本改换。

> 生活的节奏，机器的节奏。/推动着社会的车轮，宇宙的旋律。/白云在青空飘荡，/人群在都会匆忙！④

那么，生活在现代社会的人们，就只能屈从于机器的节奏，甘愿放弃宇宙音乐的追求，放弃人与宇宙的亲密和谐，放弃作为“天地之心”的生存权利了吗？不能。人还需要通过审美与艺术，保持心灵与大自然的神秘接触，在大自然的深处，安顿自己的身心。中国近代丧失了生活里旋律的美，音乐的境界，“一

---

① 宗白华：《介绍两本关于中国画学的书并论中国的绘画》，《宗白华全集》第2卷，第44页。

② 《邓以蛰全集》，安徽教育出版社1998年版，第205页。

③ 《邓以蛰全集》，第224页。

④ 《生命之窗的内外》，《宗白华全集》第2卷，第64页。

个最尊重乐教、最了解音乐价值的民族没有了音乐”。在宗先生看，这是人可悲哀痛哭的。因为这就等于“没有了国魂，没有了构成生命意义、文化意义的高等价值”①。而宗先生之所以毕生致力于中国传统美学的发掘与诠释，正是为了重振这种音乐精神，使之永续不坠。

即使到了全面开展社会主义建设的20世纪60年代，宗先生依然不倦地倡导这种音乐精神，主张数学智慧与音乐智慧的结合：

> 就像我们研究西洋哲学必须理解数学、几何学那样，研究中国古代哲学也要理解中国音乐思想。数学与音乐是中西古代哲学思维里的灵魂呀！（两汉哲学里的音乐思想和嵇康的《声无哀乐论》都极重要）数理的智慧与音乐的智慧构成哲学智慧。中国在哲学的发展里曾经丧失了数学智慧与音乐智慧的结合，堕入庸俗。西方在毕达哥拉斯以后割裂了数学智慧与音乐智慧。数学孕育了自然科学，音乐独立发展为近代交响乐与歌剧，资产阶级的文化显得支离破碎。社会主义将为中国创造数学智慧与音乐智慧的新综合，替人类建立幸福的、丰饶的生活和真正的文化。②

这是宗先生着眼于人类文化历史发展全局作出的论断。数学加音乐，是未来文化的理想。而中国社会主义文化建设，将为实现这个理想作出自己的贡献。有着几千年“律历哲学”传统和独特天赋的中国人，应该有此胆识，有此气魄。

---

① 《中国文化的美丽精神往哪里去》，《宗白华全集》第2卷，第406页。

② 《中国古代的音乐寓言与音乐思想》，《宗白华全集》第3卷，第433页。

第四章　艺境与生命美学

意境或境界，早在唐代，即已成为诗学用语，至20世纪初，王国维更参之以西方美学，赋予新义。王氏以为，情、景乃文学二原质（《文学小言》："文学中有二原质焉：曰景，曰情。"），两者浑融统一，即成境界。（《人间词话》："能写真景物，真情感者，谓之有境界。否则谓之无境界。"）。情、景分属物、我，情景能否浑融统一，取决于如何调适物我关系。其境界说，就"造境"（理想）与"写境"（写实）、"有我之境"与"无我之境"、情与景的"隔"与"不隔"，展开辨析，作出规定，要点不离乎此。朱光潜承其余绪，视诗的境界为"情景的契合"①。景在物，情在我。我借"直觉"见出物的意象，又借"移情"求得内在情趣与外在意象的相契相融，而成境界。不论王国维还是朱光潜，他们既从我与物（即心与物）的关系着眼解说境界。其境界说便大体不脱心理层面，仍拘于形下论域。

宗白华着眼点不同。意境不止于我对外物的静观寂照，心与物的共鸣共感，而且体合着宇宙的生命，彰显着笼括天地人的大道。它是个体与宇宙两种生命情调的交相感应，是天地"无声之乐"与个体音乐心灵的共鸣与交响。宗先生将意境纳入生命哲学作深入的形而上思考，使他的意境论和生命美学成为一镜两面无可分割的整体。可以毫不夸张地说，中国的意境论，到此才真正获得形而上学的哲学品格，到此眼界始宽，开掘始深。

---

① 朱光潜：《诗论》，《朱光潜全集》第3卷，安徽教育出版社1996年版，第55页。

第一节　艺境及其结构的一般描述

本书前已述及,宗先生是一个生命哲学论者。人、人生、人的生存状态,始终是他关注的中心。他观察艺境,也首先把它安放在人的生存状态中来定位。

人在自己的生命活动中,必与世界发生不同层次的关系。“因关系的层次不同,可有五种境界”:为满足生理的物质的需要,而有功利境界;因人群共存互爱的关系,而有伦理境界;因人群组合互制的关系,而有政治境界;因穷研物理,追求智慧,而有学术境界;因欲返本归真,冥合天人,而有宗教境界。除此,还有介乎学术境界与宗教境界之间的第六种境界,那便是“艺术境界”。①

六种境界,分别建基于人的生存六个层面的需要,它们彼此承接,逐级提升。最基层是生理的、物质的需要。光有这种需要,人还只是生物学水平的存在,即动物性存在。人之为人,在于人不仅是生物学的存在,还是社会性精神性的存在,人的需要也必然超越物质需要而进达社会性、精神性需要。这是宇宙进化的伟大成果,正如宗先生所指出:“宇宙的内构造和演进是从物质的自然界,穿过生物界,心理界扶摇而入于精神文化界。”②拥有精神文化,进入学术、艺术、宗教等境界,人才算获得自己的尊严,才无愧为万物的灵长。

境界是一个价值论概念。照冯友兰先生的说法,“宇宙人生对于人所有底某种不同底意义,也即构成人所有底某种境界”③。这个意义,产生在人的需要与外部世界的关系之中。这个意义,是人对自己生存状态的价值领悟,它诉之于认识,更诉之于体验,有着不可言说的特征。

看来宗白华深谙此理,他论艺境,并不设想给出一个精确的定义,而是多向度、多层面予以描述,引人自各个侧面、各个层次逼近艺境本身。他之所求,不重借逻辑以明理,而如禅家说法,重感悟以证人。

---

① 《中国艺术意境之诞生(增订稿)》,《宗白华全集》第2卷,第360—361页。

② 《〈信足行〉编辑后语》,《宗白华全集》第2卷,第320页。

③ 冯友兰:《新原人》,《中国现代学术经典·冯友兰卷》(下),河北教育出版社1996年版,第526页。

从心理构成的层面看,“意境是‘情’与‘景’(意象)的结晶品”①。艺术家“主观的生命情调与客观的自然景象交融互渗,成就一个鸢飞鱼跃,活泼玲珑,渊然而深的灵境;这灵境就是构成艺术之所以为艺术的‘意境’”②。而情景的交融互渗,不是一次完成,而是层层递进,愈转愈深的过程:“在一个艺术表现里情与景交融互渗,因而发掘最深的情,一层比一层更深的情,同时也透入了最深的景,一层比一层更晶莹的景;景中全是情,情具象而为景,因而涌现了一个独特的宇宙,崭新的意象,为人类增加了丰富的想象,替世界开辟了新境,正如恽南田所说‘皆灵想之所独辟,总非人间所有!’这是我的所谓‘意境’。”③

从意境的创造过程看,“艺术意境的创构,是使客观景物作我主观情思的象征”④。其过程可以描述为:“以宇宙人生的具体为对象,赏玩它的色相、秩序、节奏、和谐,借以窥见自我的最深心灵的反映;化实景而为虚境,创形象以为象征,使人类最高的心灵具体化、肉身化,这就是‘艺术境界’。”⑤

意境创造的终极根据,在中国人特有的时空一体,以时统空的宇宙观:“一个充满音乐情趣的宇宙(时空合一体)是中国画家、诗人的艺术境界。”⑥如我们在律历哲学中看到的,这个节奏和谐的宇宙,是中国人安身立命的精神家园。艺术创辟的灵境,是这个大宇宙在艺术心灵中的映射,是交织着宇宙生命与自我生命的“小宇宙”,同样寄寓着中国人的理想。因此,中国艺术家的最高使命,便在创造这个“小宇宙”,用王夫之的话说,即“以追光蹑影之笔,写通天尽人之怀”。王夫之这两句话,在宗先生看,恰好“表出中国艺术的最后的理想和最高的成就”⑦。

上述描述,涉及意境的心理构成、创构过程和审美理想三个层面,涉及艺术之所以为艺术的根本特征。第一层面的情景交融,没有给王国维、朱光潜的意境说增添什么新东西;宗先生意境论的卓异处,在第三个层面,它突出了意

---

① 《中国艺术意境之诞生(增订稿)》,《宗白华全集》第2卷,第361页。
② 《宗白华全集》第2卷,第361页。
③ 《宗白华全集》第2卷,第363页。
④ 《宗白华全集》第2卷,第363页。
⑤ 《宗白华全集》第2卷,第361页。
⑥ 《中国诗画中所表现的空间意识》,《宗白华全集》第2卷,第434页。
⑦ 《中国艺术意境之诞生(增订稿)》,《宗白华全集》第2卷,第374页。

境的形而上的终极依据和最后理想,而第二个层面(化景物为情思的象征),则是沟通现实与理想、形下与形上的中间环节。三个层面的描述,看似漫不经心,信手拈来,实际上仍有其内在逻辑。

如果说,宗白华对意境的一般描述,主要使用的是西方哲学语言,那么,他在此基础上对"意境结构"的分析,则使用了中国传统哲学语言。他用四个字概括中国艺术意境结构的特点:道、舞、空白。

宗先生据《周易》以说"道"。这"道",是宇宙生命的本体,它无形,无状,无名,却体现于万物生命的节奏中。因为它本是阴阳二气"生生之条理"。阴阳二气,"一上一下,合而成章",创造出万物生命,支配着万物的生命运动,自然界如此,人类生活亦然。阴阳互动之道,把万物统摄在和谐的无声之乐中,这生生节奏,成为中国艺术境界的最后源泉。

艺术的使命是"创造虚幻的境相以象征宇宙人生的真际"①。这个"真际"既是具有生生节奏之"道",它虚幻的最佳象征形式,便不能不是"舞"。"舞"既是"最高度的韵律、节奏、秩序、理性,同时是最高度的生命、旋动、力、热情,它不仅是一切艺术表现的究竟状态,且是宇宙创化过程的象征"②。

然而,充满生命节奏的,不只是有形的舞蹈,还有作为"舞"的背景的广大空间——空白。这空白,是老庄道论中一再阐明的"道"的本真状态——"虚无"。"中国人感到这宇宙的深处是无形无色的虚空,而这虚空却是万物的源泉,万动的根本,生生不已的创造力。"③中国画最重空白处。这空白处即是"灵气往来生命流动之处"④。有此空白,才能如前人画论所云:"即其笔墨所未到,亦有灵气空中行"(高日甫:《论画歌》);"虚实相生,无画处皆成妙境"(笪重光:《画筌》)。中国书法的妙境通于绘画,计白当黑,成一"灵的空间",也属于类似音乐或舞蹈的节奏艺术。中国诗词的造境,也注重发挥"虚空"要素的作用。"盛唐王、孟派的诗固多空花水月的禅境;北宋人词空中荡漾,绵缈无际;就是南宋词人姜白石的'二十四桥仍在,波心荡冷月无声',周草窗的'看画船尽入西泠,闲却半湖春色',也能以空虚衬托实景,墨气所射,四表无

---

① 《中国艺术意境之诞生(增订稿)》,《宗白华全集》第2卷,第371页。

② 《宗白华全集》第2卷,第369页。

③ 《介绍两本中国画学的书并论中国的绘画》,《宗白华全集》第2卷,第45页。

④ 《徐悲鸿与中国绘画》,《宗白华全集》第2卷,第51页。

穷。但就它渲染的境象说，还是不及唐人绝句能‘无字处皆其意’，更为高绝”。①

在中国艺术中，道、舞、空白融成一境，使一人、一事、一物、哪怕些微之物，都通向宇宙的全景；使艺术家心灵感悟，哪怕些微的感悟，也通向大宇宙生命的和谐运行，通向幽渺的宇宙意识。“中国哲学是就‘生命全身’体悟‘道’的节奏。‘道’具象于生活、礼乐制度。道尤表象于‘艺’。灿烂的‘艺’赋予‘道’以形象和生命，‘道’给予‘艺’以深度和灵魂。”②只有从中国的生命哲学出发，才能理解我国艺境的创造，实指向天人合一的最高理想。

冯契同志曾就中国近代的意境理论作过专门评述，这样论到宗白华意境论：

> 他（指宗白华）不同于梁启超讲“趣味”和朱光潜讲“形相的直觉”，特别强调了意境的理想性。他讲“道表象于艺”，这个艺中之道实就是艺术理想。③

这番话言简意赅，准确道出了宗白华意境论的特点和贡献，堪称的评。

第二节　美：生命的形式化

“艺术境界主于美”④。

什么是美？“美是丰富的生命在和谐的形式中。”⑤人生的美如此，艺术的美亦复如此。

人生的美在于人格。宗白华写道：

> 宇宙是无尽的生命、丰富的动力，但它同时也是严整的秩序、圆满的和谐。在这宁静和雅的天地中生活着的人们却在他们的心胸里汹涌着情感的风浪、意欲的波涛。但是人生若欲完成自己，止于完善，实现他的人

① 《中国艺术意境之诞生（增订稿）》，《宗白华全集》第2卷，第373页。

② 《宗白华全集》第2卷，第370页。

③ 《中国近代美学关于意境理论的探讨》，《智慧的探索》，华东师大出版社1994年版，第274页。

④ 《中国艺术意境之诞生（增订稿）》，《宗白华全集》第2卷，第361页。

⑤ 《哲学与艺术——希腊大哲学家的艺术理论》，《宗白华全集》第2卷，第58页。

格，则当以宇宙为模范，求生活中秩序与和谐。和谐与秩序是宇宙的美，也是人生美的基础。①

这是宗白华对古希腊美学思想的诠释。在古希腊，“宇宙”(cosmos)一词，本义就是秩序与和谐。人作为“小宇宙”，应以大宇宙为范本，求得生活的秩序与和谐，这是十分古老的思想。不过，宗先生从中演绎出一个新的命题，即将人生纳入一定形式（秩序与和谐），成就人格而求得人生的美，却不但与西方近代美学的生命精神相通，而且能和中国传统的生命美学兼容。

从18世纪后半期起，德国盛行有机论的自然观。大自然是一个有机的整体，如像歌德所赞颂的，它在不息地创造，其中是“永恒的生命，演进，活动”②。而自然的创造，又如康德“自然目的论”所描述，是一个井然有序的序列，即从无机物到有机物，由有机物到自然的人，由自然的人到文化的道德的人。所谓“文化的道德的人”，康德称之为“自由人格”，这种人，能凭借自己的理想，无条件地为自己确定生存目的，自由自主地将自己的道德良知付之于实践，因而又是“类的存在者”、“作为本体看的人”。自然既以创造这样的人为最后目的，人也当将自己造就成这样的人为己任，以求不辜负自然的目的，不辜负自然对人的厚爱。

无论对自然还是对人而言，康德的“自然目的论”都带有理想化色彩，如康德所自称，是一种“理想主义体系”。③ 这种自然观被浪漫主义美学所倚重、所发挥，诚非偶然；而20世纪初的生命美学确立宇宙生命本体论，把个体生命价值和宇宙生命的创造过程联系起来，更是康德“理想主义体系”在现代条件下的嗣响。奥伊肯认为：

宇宙生命是万物，即人类历史、人类意识和自然本身的根基。宇宙历程是从无机物到有机物、从自然到精神、从单纯的自然的心灵到精神生活的深化；在这趋向独立和自我的实现的演化历程中，世界意识到自己。不过人的人格并未湮没在这宇宙精神中，当然，只有在宇宙生命中分享宇宙生命，个性才可能有发展。④

① 《哲学与艺术》，《宗白华全集》第2卷，第57—58页。

② 歌德《自然赞歌》(1782)，宗白华译其大意，《宗白华全集》第2卷，第6页。

③ 康德：《判断力批判》下卷，韦卓民译，商务印书馆1985年版，第98页。

④ 梯利：《西方哲学史》（修订版），葛力译，商务印书馆1995年版，第548—549页。

精神生活是宇宙生命创化的最高成就。奥伊肯并不认为个我生来就能进达精神生活的境地，只有当他"以行动追求绝对的真、善、美，追求自由自主的人格；只有当人格发展时，才能达到独立的精神生活"①。追求真善美以建立自由自主的人格，在他看来，即是"在宇宙生命中分享宇宙生命"。这个看法，显然和康德的"自然目的论"一脉相承。

中国传统的生命哲学一贯主张人不但要效法自然，而且要投身于"自然之道"的运行。儒家讲"参天地赞化育"，道家讲"与道偕游"，都教人"纵身大化"以养成高尚人格。中国先秦时的理想人格是"与天地合其德，与日月合其明，与四时合其序"的"大人"（《乾卦·文言》）。这种"大人主义"超尘绝俗，高不可及，在汉儒手里，走向反面转为虚有其名的"名教"，窒息感性生命的枷锁。魏晋士人起而破斥，要求"越名教而任自然"，为感性生命寻求新的形式，于是出现尚通脱、重放达的新人格——建立在个性自由基础上的魏晋人格，那是宗白华先生曾为之心折，为之礼赞的美的人格。

在西方，宗先生仰慕的人格范本，是歌德。歌德人格的伟大处，是他能突破18世纪理性主义羁勒，为感性生命求得新的形式而得以安顿。他把个性生命的潜力发挥到极致，"息息不停地追求前进，变向无穷"。同时又能赋流动不居的生命以谐和的形式，能"化冲动的私欲为清明合理的意志"。从歌德的人格建构，宗白华得到这样的启示：

> 人当完成人格的形式而不失去生命的流动！生命是无尽的，形式也是无尽的，我们当从更丰富的生命去实现更高一层的生活形式。②

人生有限，但人的生命潜力的发挥没有止境，人格的建构也永无止境。只要你想做一个真正的人，总得不断向上努力，求生命力的丰富，求人格的完善。这便是人生价值意义所在，人生的美之所在。

那么，艺术的美又在哪里？照宗白华看，也在于丰富的生命表现于和谐的的形式。

"空灵和充实是艺术精神的两元。"③艺术的镜子反映着全幅人生，和人生同其广大，同其深邃；艺术又凭它独创的形式，范铸一个"总非人间所有"的世

---

① 万以：《生活的意义与人价值·中译本序》，上海译文出版社1997年版，第3页。

② 《歌德之人生启示》，《宗白华全集》第2卷，第15页。

③ 《论文艺的空灵与充实》，《宗白华全集》第2卷，第348页。

界,“独立于万象之表”,所以它空灵。充实的生命,经由艺术的独创形式而空灵,所以它美。

艺术的形式创造,是艺术取得它自身特殊生命力的关键所在,是艺术之所以成为艺术的基本条件,但一般人对它并不重视,并不理解。宗白华曾多次引用歌德的名言,向大家提醒这一点:

内容人人看得见,
涵义只有有心人得之,
形式对于大多数人是一秘密。①

宗白华以为,“艺术不只是具有美的价值,且富有对人生的意义、深入心灵的影响”。所以,艺术的形式,不只是形式自身的和谐能给人以美感,而且在它在表写生命意识、生命情调时,能起到特有的作用。②

(一)“间隔化”。“美的形式组织,使一片自然或人生景象,自成一独立的有机体,自构一世界,从吾人实际生活之种种实用关系中,超脱自在。”

(二)“构图”。能组织、集合、配置各种形式要素,“使片景孤境自织成一内在自足的境界,无求于外而自成一意义丰满的宇宙,启示着宇宙人生的更深一层的真实”。

(三)“形式”之最深的作用,就是它不只是化实相为空灵,引人精神飞越,超入美境;而尤在它能进一步引人由美入真,探入生命节奏的核心。世界上唯有最抽象的艺术形式——如建筑、音乐、舞蹈姿态、中国书法、中国戏面谱、钟鼎彝器的形态与花纹——乃最能象征人类不可言状的心灵姿态与生命的律动。

形式的创构,是人的本性。③ 自有人类文明史以来,人就以种种造形方式——包括物质的现实的造形和虚拟的精神的造型,来持续和推进自身的生命活动。在所有造形活动中,艺术的形式创构,因为具有摆脱功利羁绊的品格,往往最真实最自由地表现生命,认识生命,代表生命活动的理想,成为人类其他造形活动的范导。艺术的形式创构,往往最鲜明地体现创造者对宇宙人

---

① 宗白华:《常人欣赏文艺的形式》,《宗白华全集》第2卷,第316—317页。

② 《略谈艺术的“价值结构”》,《宗白华全集》第2卷,第69—71页。

③ 歌德在《论德国建筑》中说:“人有一种构形的本性,一旦他的生存变得安定之后,这种本性就立刻活跃起来。”转引自在卡西尔《人论》,上海译文出版社1985年版,第179页。

生的感悟，标志着不同文化的民族个性和时代特征。

宗白华在美学上的杰出的贡献之一，就是他善于从艺术的形式创构上把握文化的民族个性、时代特征，并且把它提到文化哲学的高度深入辨析，准确厘定。至今为止，他在这方面的论析，依然是艺术美学史研究中最精彩、最富启发意义的篇章。

中西绘画均以宇宙人生的整体为对象，为什么彼此画风有那么大的区别？西方绘画以古希腊的建筑、雕塑为原型，重视“体”（身体、物体、立体），崇尚团体结构。几何式的透视，阴影、光和色彩为主要的构形手段。中国绘画以商周青铜器纹样的刻镂为原型，打破这团块，放弃立体形相而舍形悦影，使空间成为虚中见实，实中有虚，充满节奏的空间。形体的刻画则引书法入画法，“以线示体”，线条成为形式创构的主角。在这样的格局下，几何透视被放弃了①，阴影也不必绘了②，这种画法过去被西方学者讥之为“反透视”。康德认为，中国无论肖像画还是建筑画，都不喜欢表现阴影，乃是中国文化局限性的表现。③ 黑格尔进而断言，绘画缺乏透视和阴影，表明中国艺术还“没有能够成功地把美作为美来表现”④。只是到 20 世纪初，斯宾格勒（O.Spengler，1880—1936）才肯定，中国绘画不是不讲透视，而是有着独特的透视法——一种“东亚的道的透视法”⑤。然而，这种透视法和中西的道论究竟有何必然的联系，它的产生究竟有何文化哲学依据，西方人并不十分了然。

宗白华却由此一直追踪到以气论为基础的生命哲学。生生不已的阴阳二气织成有节奏的生命——宇宙的生命和宇宙万物的生命。艺术家面对这样的对象，其任务便是“于静观寂照中，求返于自己深心的心灵节奏，以体合宇宙内部的生命节奏”⑥。商周钟鼎的图案纹样，汉代的画像石、画像砖，顾恺之以来的历代壁画、文人画，一概以灵动的线条，取物象的骨气，而舍物象外表的凹

---

① 宗炳在《画山水序》中提到“张绡素以远映，则昆阆之形，可围于方寸之内。竖划三寸，当千仞之高，横墨数尺，体百里之迥”。颇类似于西方几何透视，但在后世没有被普遍采纳。

② 南朝梁代画家僧繇曾引进印度西域画法（源自古希腊）作凹凸花，以色彩晕染显示阴影，其法亦不传。

③ 卫茂平：《中国对德国文学影响史述》，上海外语教育出版社 1996 年版，第 247 页。

④ 夏瑞春：《德国思想家论中国》，江苏人民出版社 1989 年版，第 133 页。

⑤ 转引自卫茂平《中国对德国文学影响史述》，上海外语教育出版社 1996 年版，第 346 页。

⑥ 《论中西画法的渊源与基础》，《宗白华全集》第 2 卷，第 109 页。

凸阴影于不顾。这线条,或纡或直,或轻或重,或疾或徐,宛转百态,已从物象的实体中解放出来,最宜于表现万物的生命节奏,传达作画者深心的生命情调——心灵的节奏。笔墨的点线皴擦,组成"书法的空间创造",传达出万物的生动气韵,这便是中国绘画特有的美。看来在这一点上,黑格尔是判断错了,中国绘画不是无能力表现美,而只是它不愿如西方绘画那样去表现美。它从自己特有的文化观念出发,运用自己特有的形式和技巧,创造了另一种美。中西绘画,各具其美。

第三节　意象与意境

意象与意境(境界),是宗白华频繁使用的美学用语。一般来说,意象所指,是外部世界的感性面貌(色相、秩序、节奏)呈现于静穆观照的心理事实,即所谓"景";而意境,则是"情"与"景"(意象)的结晶品,是"艺术心灵与宇宙意象两境相入"互摄互映的华严境界。① 意境如叶燮所说是"默会意象之表"的"不可言之理,不可述之事",是对意象的超越。

但宗白华又经常把意象与意境,作为同行概念并用、互用。请看:

> 画家诗人"游心之所在"就是他独辟的灵境,创造的意象,作为他艺术创作的中心之中心。②

> 艺术的艺境要和吾人具相当距离,迷离惝恍,构成独立自足,刊落凡近的美的意象,才能象征那难以言传的深心里的情和境。③

> 文人画的最高境界,是玉的境界。倪云林可以代表。不但古之君子比德于玉,中国的画、瓷器、书法、诗、七弦琴,都以精光内敛,温润如玉的美为意象。④

意象与意境,时而可以并用互用,时而又不能兼用互用,它们之间,关系究竟如何呢?

---

① 《宗白华全集》第2卷,第375页。

② 《中国艺术意境之诞生(增订稿)》,《宗白华全集》第2卷,第360页。着重号为引者所加,下同。

③ 《略论文艺与象征》,《宗白华全集》第2卷,第411页。

④ 《艺术与中国社会》,《宗白华全集》第2卷,第416页。

要认清意象与意境的关系，首先要认清意象本身。意象性质如何？结构如何？有些什么功能？这些，都需要在中国文化的总体背景中来思考，才可望得到较为确切的回答，宗先生的《形上学（中西哲学比较）》一文，正提供了这样的回答。

意象的基型是“易象”。其义原指《周易》的卦爻符号，是占卜者用来求取神意、天启的媒介。其操作程序是运数取象，观象系辞、玩其象辞而定吉凶。“易象”据说出于圣人制作：“圣人有以见天下之至赜，而拟诸形容，像其物宜，是故谓之象。”卦爻虽是抽象符号，但它并非直接呈露“天下至赜”——宇宙最终奥秘，而是指向一系列具体物象（包括自然物象与人文事象），通过它们重重象征指涉，去宣示这个奥秘。象的最根本特征，是借助不脱离感性的“象”，去指涉不可言说的“理”。这个“理”，是超人间的神意与天启，它首先蕴藏在“筮数”——神秘数字里。筮数，是易象的决定者。

“易传”出现之后，“易象”的构成发生了变化。随着《周易》从“卜筮之书”转为“哲理之书”，一方面，“易传”在气论基础上确立阴阳两元为宇宙基始，阴阳互动成为宇宙万物生成变化的基始动力，使阴阳的神妙变化，取代了神意与天启；另一方面，筮数的神秘功能渐归消解，象被扩展为指称形下之器至形上之道的基本符号，取得了跟言（辞）平行互补的表达功能，共同描述着整个宇宙模式。在中国文化史上，这是进入理性时代，实现“哲学超越”的重大标志。①

宗白华对中西文化各自的“哲学超越”作过深入的比较，从而确定了“象”的性质和结构功能的特点。

第一，从原始宗教解体，到哲学更改初兴，中西两方各自取径不同。西方文化以“逻各斯”为中心，建立起数理秩序，以此取代神的权能，导致哲学与宗教的分裂，本体与现象、数理界与价值界的分离，乃至僵硬对立。中国以气论为中心，以“气化（神化）宇宙”②取代神的权能，对原有的政治与宗教采取“述而不作”、“信而好古”的态度，哲学仅仅是阐发其中之“意”，于其中显示其形

① 关于“易象”结构、功能的更新，汪裕雄《意象探源》有专题分析，请参中编“基型论”第二章：《“易象”的哲学超越》，安徽教育出版社1996年版。

② 宗白华“神化宇宙”之“神”，指的是“生机之神妙”，即“妙万物而为言”之“生生宇宙”之原理。见《宗白华全集》第1卷，第601页。

上(天地)之境界,于是形成"于形下之器,体会其形上之道"的致思路径。这一比较启示我们,中国哲学确乎沿袭了原始宗教的神话思维特点。从保留在《山海经》中的远古神话传说,到殷人的龟卜之象("龟兆"),再到周人的筮卜之象(易象),象的传统赓续不绝①,也可证宗先生其言不诬:"中国从三代鼎彝到八卦易理,是以象示象。"②

第二,"'象'由仰观天象,反身而诚以得之生命范型。"③圣人制作"易象",观象于天,观法于地,近取诸身,远取诸物,以昭示天、地、人至动而不乱的生命奥秘,进以"反身而诚",借宇宙生命秩序为人生提供启示,充当人的意志行为的向导,显示圣人对人世的关怀。"象",不仅可以"极天下之赜",同时可以指向宇宙人生"中正"之境,"中和"之境,指向人生理想。就"极天下之赜"的功能说,"象"是万物的范型,故可以观象制器;就进达理想之境的功能说,"象"是生命的范型,对人有价值,故观象可知吉凶。有价值则有意向,能动情,作为生命范型之象,于是便渗入人意和人情,而成为名副其实的意象。它和艺术中的意象,实际已仅距半步之遥了。

"象"兼认识、价值功能于一身,与西方趋于纯理的范型,判然有别。柏拉图之范型论,本为理解事物个别与一般(多与一)的区别和联系而设,到晚年《巴门尼德篇》和《智者篇》中,更将范型发挥为"范畴"、"理网"④。对人而言,这样的范型构成的是中性的、非价值的概念世界,与审美的价值世界已经隔绝。而认识和价值两个世界的分隔,则埋下了后世的哲学跟艺术不和的种子。西方文化史上,哲学和艺术孰优孰劣的争论累世不绝,大源盖出于此。

第三,"象者,有层次,有等级,完形的,有机的,能尽意的创构。"⑤照《周易》提供的模式,整个世界由阴阳二气按二元对立生成之原理,互通互感,细缊而成。因而用来描述和把捉这个世界生成过程的"象",便不能不取与之相应的同构形式。

阴阳互动,生成万物,照《易传》作者及其传注者的观点,即是"无"中生

---

① 参见汪裕雄《意象探源》上编第1章第1节《"龟象"抉要》。

② 《宗白华全集》第1卷,第636页。

③ 《宗白华全集》第1卷,第643页。

④ 《宗白华全集》第1卷,第637—638页。

⑤ 《宗白华全集》第1卷,第636页。

“有”的过程。“道”属形而上，寂然无体，却又无所不通，表现为无限的生命力，被视为“无”。“器”属形而下，有形有质，是“道”的生成物，被视为“有”。道不等于器，“无”不等于“有”，但由“器”可以见出“道”的功能，见出其“生生大德”，因而自“有”仍可以悟“无”。这一自有悟无的媒介，便是“象”。诚如庞朴先生慧眼所见，“象”实是形上之道与形下之器“之外或之间”的一个“形而中”者。①

“象”既处“形而中”，处有无之间，它就必然有层次，有等级。

首先需“观物取象”。“象”不是物的实体，甚至不是物的静态外在形式，而是物在运动变化中显示的将变、必变的征兆。《系辞》说：“见乃谓之象。”韩康伯注云：“兆见曰象。”②据此看来，“观物取象”的“象”，就是万物生命运动的精微迹象，用今天的话来说，也就是万物的生机、生气所鼓荡的生命情态。这是“象”的第一层级。

“立象”为了“尽意”。在上古，《周易》的“象”中之意是神意及神意对人意的关怀。在后世，这个意已是由“圣人”代表的人类自身的价值取向和行为意向。为了“尽意”，观物取来的“象”，就得求返于自我深心（即所谓“反身而诚”），求得外物生命活动趋向与人的主观意向的和洽一致，使“象”转为“意中之象”。这种意象，意义丰富，价值多方，“宗教的、道德的、审美的、实用的溶于一象”③。这是“象”的第二层级。

圣人或人类的最高意向，莫过于冥合大道，进达“人与天调”的中和之境。道本寂然无体，自身无形无象，但却可以经由意象的象征意指作用，逼近它，体验它。《老子》一书，以“水”、“江海”、“母”、“根”、“朴”等意象喻道，多层面多向度描述和暗示道的特性，使人意会道的本真，进入体道的境界。而作为道的象征能指的“象”，老子就称之为“大象”，实则是“大道之象”。正是本着老子的这个理解，宗白华也断言：“象即中国形而上之道也。”④这是“象”的第三个层级。

---

① 庞朴：《原象》，《当代学者自选文库·庞朴卷》，安徽教育出版社 1999 年版，第 338—339 页。

② 《十三经注疏（标点本）·周易正义》，北京大学出版社 1999 年版，第 288 页。

③ 《宗白华全集》第 1 卷，第 626 页。

④ 《宗白华全集》第 1 卷，第 626 页。

三个层级,层层递进,彼此交织、衔接,成一“完形”。这里的关键,在于阴阳两气一以贯之。物禀生生之气,人具生生之心,道本“生生之大德”,三者都至动而有条理,都具生命的节奏。物象—意象—大象的层层推进,全赖建立在节奏感应基础上的类比与象征,而层层推进的最终指向,是宇宙生命节奏与人的心灵节奏的共鸣交响,是弥漫天地之间的“无声之乐”。

“易象”虽含有审美的功能,但其中审美与宗教、道德、实用的多重价值意义,并未充分分化。先秦两汉的中国美学,主流是儒家的诗乐理论,其诗乐意象还没有从政治伦理的单体规范下解放出来,以屈原为代表的“发愤抒情”的诗歌理论,强调诗歌创作的动力来自诗人的自我深心,其诗歌意象已是缘情而发,但没有取得支配诗坛的地位。只是到了魏晋,随着士人审美主体人格的树立,意象才成为抒发情志,传达美感的审美心理基元。嵇康《声无哀乐论》斩断音乐与政治伦理的联系,将音乐感发情志、宣导情志的功能归之于音乐形式本身,标志着这一转变的完成。

“易象”转化为审美意象,“意”的内涵变了,其价值意义也已向审美一端倾斜,但“象”的结构并没有发生根本改变。观物取象,立象尽意,最后进入体道的“大象”,这仍然是意象创构的三个层次。观物取象又称“比物取象”,不同于简单模仿,而出于为主体情意寻找同构形式的努力,只有从“物”的生命情态与“我”的情致状态可能产生的感应的类似点出发,“物”之象才可化为“我”之象,这才叫“取象不惑”;立象尽意包括物我间的往复交流和相互感应,即《文心雕龙·物色》篇所谓“情往似赠,兴来如答”的过程,使意与象得以水乳交融;最后的体道,则如宗炳所云,是通过“味象”而“观道”的高一级体验①,物我由相互交感而进入“物我同一”,超越有限物象入于“大象”,从而把握象外之意,入于体道境界。

明确了审美意象同样具有三级结构,艺术中意象与意境的相互关系便不难确定了。一二级意象,对意境来说还只是必要前提、必经步骤,只有到第三级意象出现,才算进入境界。此时,意象与意境,才完全重合。因而,当宗先生将意象和意境加以区别对待时,所指的意象是它的一二级形态,它们大体上属

① 宗炳《画山水序》有两个同行命题,一叫“澄怀味象”,一叫“澄怀观道”,由“味象”可以观道,则所“味”之“象”,包括作为道之象的“大象”。

于形而下的经验范围，是感性直观的心理事实，与意境还有所区别；而宗先生将意境和意象互用时，作来意境同行概念的意象，所指正是它的第三级，亦即超越性的意象——大象。叶朗先生指出："'意境'是'意象'中最富有形而上的意味的一种类型。"①这个看法，颇得宗先生意境论精要。

第四节　中国艺境的多种类型

在中国艺术的多种境界中，宗先生性之所近，毋庸说是静穆一路。他对老庄的禅宗哲学影响下的禅境，感悟至精而至深。1914 年，17 岁的少年宗白华往游谢安栖隐的东山，写下律诗四首，那深静中怀念先贤的幽思，那"夕鸟孤飞，青峦冷月"中与归舟为侣的情怀，深得汪辟疆(方湖)先生激赏，称许其"独挈灵源归妙谛"，以为大得禅境真传。②

因而毫不奇怪，宗先生在论说艺境时，往往将"寂而常照，照而常寂，动静不二，直探生命的本源"的禅境，举作中国艺境的代表。唐人王、孟、韦、柳的绝句，元人黄、吴、倪、王的山水，无论诗境和画境，都在一派生动气韵中潜存着深深的寂静，流露着高风绝尘的禅意。它们与宗先生本人的艺术趣味正相投合，令其倾慕不已。事实上，唐人绝句和元人山水也足以代表中国山水诗画的最高成就。山水诗画为"中国最高艺术心灵之所寄"，堪称"世界艺术之独绝"。③ 因此，宗先生在从事中西艺术的跨文化比较时，将其中静境推为中国艺境的范例，以为"这个静里，不但潜隐着飞动，更是表示着意境的幽深……不能体味这个静境，可以说就不能深入中国古代艺术的堂奥"④，这是言之有据的。

然而，宗先生毕竟是彻底的文化多元论者，他并不主张以个人趣味取代艺境评判的价值标准。他深知，以"静照"为特征的中国艺术的禅境，表写的是中国文人超静的艺术心灵。王羲之的"争先非吾事，静照在忘求"，王维的"晚年惟好静，万事不关心"，都以诗句直摹出这一心灵姿态。其中确实显露着某种消极退避、内敛自适的人生态度。

① 《说意境》，《胸中之竹》，安徽教育出版社 1998 年版，第 57 页。

② 《律诗四首》及编者题记，《宗白华全集》第 1 卷，第 1—2 页。

③ 《律诗四首》及编者题记，《宗白华全集》第 2 卷，第 301 页。

④ 《凤凰山读画记》，《宗白华全集》第 2 卷，第 380 页。

对比之下,西方艺术体现的外向的、趋动的心灵,其积极奋发,无止境的追求、进取的人生态度,正是中国人所欠缺的。一如在文化上宗白华企望中西趋静与趋动二者合流,在艺境上,他也主张吸取西方艺境的优点以创构现代新艺境。

他爱中国音乐的抒情小品,爱那"明月箫声"之美,但他也爱德国的交响乐,爱那"华堂弦响"之美。尤其在哥特式教堂,演奏巴哈的神曲,那情景更是令人神往:大教堂"塔峰双插入云,教堂里穹庐百丈,一切线条齐往上升,朦胧隐约,如人夜行大森林仰望星宇。这时从神龛前乐座里演奏巴哈的神曲,音响旋律沿着柱林的线丛望上升,望上升,升到穹宇的顶点,'光被四表,格于上下'。整个世界化成一个信仰的赞歌。生命充实、圆满、勇敢、乐观。一个伟大的肯定,一个庄严的生命负责。"宗白华问:"中国现代的生活里不需要这个了吗?"①答案不言自明:当然需要。

绘画的艺境也是这样。宗先生把西方油画称作"青春的光","它里面永驻着光、热和生命。它象征着人类不朽的青春精神"。而中国画则象征"秋熟的美"。它"趋向水晕墨章,引书法入画法,画家意境是淡泊以明志,宁静以致远。这是文明的成熟,秋天的明净"。两种艺境,两种美,无分高下,同为人类所热爱。"这是什么缘故?艺术的境界是两元的。它需要青春的光,也需要秋熟的美。"②中西画境在未来不但各具生命,足以并存,而且可以彼此借鉴,互为融通。中国绘画需发挥古人雄浑流丽的笔墨能力,也当借取西画绚丽灿烂的光色表现,以适应新时代的需要。

> 艺术本当与文化生命同向前进,中国画此后的道路,不但须恢复我国传统运笔线纹之美及其伟大的表现力,尤当倾心注目于彩色流韵的真景,创造浓丽清新的色相世界。更须在实现生活的体验中表达出时代的精神节奏。③

绘画如此,其他一切艺术莫不皆然。

"在艺术史上,是各个阶段,各个时代'直接面对着上帝'的,各有各的境界与美。至少我们欣赏者应该拿这个态度去欣领他们的艺术价值。"④希腊古

---

① 《〈战时敌我财力供应的比较〉编辑后语》,《宗白华全集》第2卷,第221页。

② 《题〈张茜英画册〉》,《宗白华全集》第2卷,第407页。

③ 《论中西画法的渊源与基础》,《宗白华全集》第2卷,第112页。

④ 《略谈敦煌艺术的意义与价值》,《宗白华全集》第2卷,第422页。

典艺术和欧洲的近代艺术,其境界便迥异其趣。前者以“高贵的单纯,静穆的伟大”为理想。特别是希腊的建筑与雕刻,最典型地表现着当时人有限而宁静的宇宙观,表现着当时人生活在清明和谐的秩序中那十足的自信、自尊和自我满足。后者以“浮士德精神”为代表,“向着无尽的宇宙作无止境的奋勉”,野心勃勃而终究烦闷苦恼,彷徨不安。而不论古典的艺境还是近代的意境,欧洲艺术家对外部世界所取的态度则一,那就是“人”与“物”、“心”与“境”的对立相视。人对于世界,在希腊是“欲以小己体合于宇宙”,在近代则“思戡天役物”。① 主观与客观的对峙和冲突,演成艺境中深邃而浓烈的悲剧精神。而这,恰恰是中国艺境所不曾充分发挥,而且往往被拒绝和闪躲的。相形之下,西方艺术悲剧精神所达到的成就显得分外夺目:“由心灵的冒险,不怕悲剧,以窥探宇宙人生的危岩雪岭,发而为莎士比亚的悲剧,贝多芬的乐曲,这却是西洋人生波澜壮阔的造诣!”②

中国艺术史上的境界也绝非单一。1948 年,宗先生总结了中国几千年来的意境创造,指出它有三大类型:

> 中国艺术有三个方向与境界。第一个是礼教的、伦理的方向。三代钟鼎和玉器都联系于礼教,而它的图案画发展为具有教育及道德意义的汉代壁画(如武梁祠壁画等),东晋顾恺之的《女史箴》,也还是属于这范畴。第二是唐宋以来笃爱自然界的山水花鸟,使中国绘画艺术树立了它的特色,获得了世界地位……第三个方向,即从六朝到晚唐宋初的丰富的宗教艺术。这七八百年的佛教艺术创造了空前绝后的佛教雕像……③

第一种境界是先秦礼乐文化的表征。礼乐相须为用,服务于祭天祀祖、政治教化,伦常日用。礼,“构成社会生活里的秩序条理”;乐,“滋润着群体内心和谐与团结力”,它们的最后根据,在于形而上的天地境界。④ 非但礼乐本身,即使从属于礼乐的礼器乐器,也都负荷着形而上的光辉。三代的玉器与青铜器,造型、质地、光泽,无一不美,其纹饰之美,更精妙绝伦。尤其钟鼎彝器盘鉴的花纹图案,其中飞动不息的人物、禽兽、虫鱼、龙凤等形象,完全融合在全幅

---

① 《论中西画法的渊源与基础》,《宗白华全集》第 2 卷,第 110 页。
② 《艺术与中国社会》,《宗白华全集》第 2 卷,第 417 页。
③ 《略谈敦煌艺术的意义与价值》,《宗白华全集》第 2 卷,第 419 页。
④ 《艺术与中国社会》,《宗白华全集》第 2 卷,第 414 页。

图案的流动花纹线条里,浑化为一曲交响。①

礼乐境界出于上古,对后世艺境创造,深具范导意义。三代彝鼎端庄流丽,倾向于对称、比例、整齐、谐和之美,是中国古典建筑、汉赋唐律、四六文的理想范型;而玉的质地坚贞温润,色泽空灵幻美,启示着中国人的玄思,趋向于精神人格之美的表现,不但君子比德于玉,中国的画、瓷器、书法、诗、七弦琴,都以精光内敛,温润如玉的美为意象。

第二种境界以"静照"为特色,源于老庄的境界哲学和佛教禅宗。经过魏晋哲学(含佛玄)的洗礼,在晋宋之际,中国人发现了自然美,创造出以山水诗画为代表的人与自然亲和、人与天地合一的逍遥之境。②

至唐宋,中国的山水诗画、花鸟画,因为从禅宗获得营养而趋于成熟,成为最具有民族文化特色的艺术品类。而其中的文人画尤使中国的山水、花鸟画"成为世界第一流的,最有心灵价值的艺术。可与希腊雕刻、德国音乐并立而无愧"③。

这一"静照"之境,是宗先生境界美学透视的中心对象。溯源于律历,探明了它文化哲学的遥远伏脉;注目于魏晋,捉住了从礼乐之境到静照之境转换的历史关节;而对这一境界构成与创构的哲学——心理学解说,则还了它庄禅哲学的东方风貌。宗先生这一哲学、文化、历史的全面透视,向世人回答了一个难以回答的问题:中国人对自然美的审美意识,何以成熟如此之早?④ 山水诗画与花鸟画,何以能在世界艺林独放异彩?这个回答,在世界美学史上,应该说尚无先例,具有突出的理论原创性。

第三种境界,是以敦煌雕塑、壁画为代表,由佛教石窟艺术所表现的佛国境界。

宗先生接触这个境界较晚,而且未经实地踏勘,仅见敦煌艺术摹本,但他却无法抑制对这一境界的由衷激动,盛赞其"飞"的精神理想,为其中充溢着

---

① 《论中西画法的渊源与基础》,《宗白华全集》第2卷,第100—101页。

② 其大致历程,请参见汪裕雄《意象探源》下编第3章《"山水清音":晋人审美的重大发现》,安徽教育出版社1996年版。

③ 《〈新艺术运动回顾与前瞻〉编辑后语》,《宗白华全集》第2卷,第342页。

④ 中国山水诗画,出现于晋宋之际,即公元四五世纪之交。在西方,自然被当作独立的审美对象,17世纪出现于荷兰绘画,18世纪才在英国、德国的浪漫主义诗歌中确定下来。

的“先民的伟力、活力、热力、想象力”所折服。以为这“千年艺术的灿烂遗影”在敦煌洞窟得以保存，实是“天佑中国”！①

佛教石窟艺术，兴盛于北魏到晚唐宋初期间，与中国山水诗画、花鸟画兴盛期大致平行。宗白华敏锐地察觉出两者意境有重大差异：前者以人物为中心，后者以山川风物为中心；前者“飞腾动荡”，趋崇高之境，后者“动静不二”，具“清超之美”。形成差异的主因，宗先生则归结为西域传来的宗教信仰的刺激和新技术的启发。这外来的思想文化力量，帮助中国人摆脱传统礼教在理智上的束缚，使他们的想象力和生命活力释放出来。

来自西域的佛教艺术形式，借鉴于印度，间接地保持着希腊艺术的影响。但它一旦在中国落地生根，即受中土艺术的同化，表现出中国特有的作风。在人体的表现上，希腊着重于体积，静穆稳重，而“敦煌人像，全是在飞腾的舞姿中（连立像、坐像的躯体也是在扭曲的舞姿中）；人像的着重点不在体积而在那克服了地心吸力的飞动旋律”。衣带的带纹飘荡飞举，映照着佛背火焰般的圆光，呼应着足下波浪般的莲座，“组成一幅广大繁富的旋律，象征着宇宙节奏，以容包这躯体的节奏于其中”。因此，“敦煌艺境是音乐意味的，全以音乐舞蹈为基本情调”。在这里，宗先生实际上已指明，敦煌艺境的生命，还维系在从先秦唐宋那“线的艺术”的血脉里，因为它们有着共同的理想——艺术心灵节奏与宇宙生命节奏的共鸣交响。

不同民族文化的个性特征，同一民族文化历史发展的时代特征，都可能造成艺境的多元呈现，多向发展。而特定的意境一经创造出来，它便获得了独有的生命，拥有永恒的魅力。宗白华对各种类型的意境，有自己的喜好，但不存偏见。他深爱唐人闲和静远、清旷空灵的绝句，深爱宋元文人笔下萧远简淡、荒寒洒落的山水，却也推崇盛唐边塞诗的激昂慷慨，李杜的阔大恢弘，以及敦煌艺术的灿烂、飞动和热烈。他爱中国艺术，却从不鄙薄西方艺术，而且能像西方人一样能为希腊的雕塑、近代的油画和交响乐而沉醉，而喝彩。他的心态是兼容的、开放的，也是值得我们永远效法的。

---

① 有关敦煌艺术的评说均见《略谈敦煌艺术的意义与价值》，《宗白华全集》第 2 卷，第 419—422 页。

第五章　艺境创构论（之一）

——外师造化，中得心源

1948年，宗先生手自编定早年文集，准备以《艺境》为名出版。题名《艺境》，表示对唐代画家张璪的追怀。虽然张璪那篇言绘画要诀的《绘境》久已失传，但他的人格风度，却一直为宗先生所仰慕，他那“外师造化，中得心源”的八字真言，尤为宗先生所终生服膺。如他在《艺境·原序》中所说：

当我写这集子里一些论艺小文时，张璪的人格风度是常常悬拟在我的心眼前的。他的两句话指示了我理解中国先民艺术的道路。①

《艺境》其书，后来延宕40年之久，直到宗先生辞世一年后方告出版，而他早年宣示的艺术信念，却始终如一地贯穿在他全部论著中。“外师造化，中得心源”，是宗先生诠释先民艺术的指导线索，尤其是他用来理解艺境创构的重要纲领。

第一节　艺境创构的两元：造化与心源

“意境是造化与心源底合一。”意境创构的奥秘，就潜存于这两者的合一中。宗白华解说道：

什么是意境？唐代大画家张璪论画有两句话：“外师造化，中得心

① 《艺境》，北京大学出版社1987年版，第3页。

源。”造化和心源的凝合,成了一个有生命的结晶体,鸢飞鱼跃,剔透玲珑,这就是“意境”,一切艺术底中心之中心。①

宗先生这段话,既充分肯定了张璪“八字诀”在理论上的普遍意义,也意味着宗先生对它有出自己意的诠释——生命哲学的诠释。

“外师造化”、“中得心源”两种提法分别来自道家的佛禅。“造化”一语,出于《庄子·大宗师》,指自然或自然的创造过程②;“外师造化”,应承老子“道法自然”的思想演绎而来,肯定自然或自然之道是自外于心的存在,是人们师法的榜样。“心源”,为佛教用语,指心为万法之源。《菩提心论》云:“妄心若起,知而勿随,妄若息时,心源空寂。万德斯具,妙用无方。”可知“心源”盖指妄念止息而能静照万物的心灵状态。

道家和佛教都讲境或境界。道家主张“虚静”、“心斋”,即通过抟气致柔的工夫,保持内心的清静空明,使身内元气与身外元气通为一体,进入“与道偕游”的逍遥之境。③ 这一境界,处于方外,实系主体对自身精神活动绝对自由的体验。经过魏晋玄学的有无之辨,特别是郭象提出“独化”论,肯定万物“各当其分,逍遥一也”④之后,方内方外的界限被彻底破除,由世间万物,均可进达逍遥之境。而究竟如何通过眼前的具体事物进达“逍遥”?“虚静”之说,只提供了一个心理前提,道家的境界说,碰到了新的难题。

南北朝的佛玄和唐以来的禅宗佛学,引老庄入佛,在境界论上发挥“中得心源”之论,恰好解答了上述难题,为境界理论的发展,补上一个重要环节。

佛家认为:“心之所游履攀援者,故称为境。”(《俱舍诵疏》卷一)无妄之心即是人的自性,有如种子,是为“因”;外物对心的感发触动,为之旁添外力,有如雨露农夫,是为“缘”。心物交接,因缘和合,心得以游履攀缘,于是境生。此境与此心同一不二,正如宗密所云:“心境互依,空而似有故也。且心不孤起,托境方生;境不自生,由心故现。心空即境谢,境灭即心空。未有无境之

---

① 《中国艺术意境之诞生》,《宗白华全集》第2卷,第328—329页。

② 《庄子·大宗师》:“伟哉造化,又将奚心汝为?……”又有“造化者”一语,指自然创造者。

③ 《庄子·齐物论》:“和之以天倪,因之以曼衍,所以穷年也。忘年忘义,振于无竟,故寓诸无竟。”陆德明:《经典释文》:“‘无竟’如字,极也。崔作‘境’。”

④ 郭象:《庄子·逍遥游》注,《庄子集释》,中华书局1961年版,第1页。

心,曾无无心之境。”[①]佛家讲境自心生、心境不二,本为教人悟得“万法唯心”的佛理,但却为艺术家创构一虚幻境界以表现自心自性提供了理论启示。虽则在本体论上,禅以空无为宗,诗从实有出发,两者迥然有别,但并不妨碍像严羽那样的诗论家引禅学入诗学,因为“大抵禅惟在妙悟,诗道亦在妙悟”(《沧浪诗话·诗辨》),禅悟与诗悟在心理形态上,毕竟相通。正如明人胡应麟所说:“严氏以禅喻诗,旨哉!禅则一悟之后,万法皆空,棒喝怒呵,无非至理;诗则一悟之后万象冥合,呻吟咳唾,动触天真。”(《诗薮·内篇》,卷二)

张璪将“外师造化”与“中得心源”加以综合,求得道佛两家的交融互补,实有其理论上的重要价值。从道家方面说,不但使体会自然之道的方外境界下落到具体自然事物感发上来,而且和诗人自我心性的表现完全贯通,从此,诗人之境,就转为诗人笔下的情中之景与景中之情;此境的超越,表现为诗人自我情怀的抒发,表现为经过诗人心性过滤的宇宙感与人生感。从佛家方面看,这一综合强调造化自外于心,是诗人的师法对象,这就斩断了禅悟通往“万法皆空”的进路,把禅宗力求破斥的儒道两家气论从后门偷放进来[②],从而强化和凸显了心物因缘和合的环节,使诗悟不致落入佛家教义的窠臼。许多引禅谈诗者,都主张诗“贵有禅意”而不可作禅语、言禅理,正是着眼这一点。

宗先生从汗牛充栋的古代诗画论中独拔张璪的八字真言,正是看重它在理论上涵盖儒、道、佛诸家艺术思想的巨大容量。这八个字,把造化(自然)与心源(艺术心灵)作为艺术创造的两元鲜明提出,也有利于参照西方美学,对传统的意境创构论,作现代的理解、现代诠释。宗先生将中国意境视为造化与心源凝合而成的“有生命的结晶体”,表露了这一理论意向。

为什么这样的说呢?

因为在西方美学中,有一种跟“外师造化,中得心源”十分接近的理论,那就是德国古典哲学关于艺术与自然关系的论述。

德国古典哲学高扬着浪漫精神,冲破古典主义艺术“模仿自然”的固有模

---

① 宗密:《禅源诸诠集都序》卷二,《中国佛教思想资料选编》第2卷第2册,中华书局1983年版,第434页。

② 儒道两家悟道,全凭气的感应,而禅佛全力破斥儒道者的迷执,首先就是否定“道法自然,生于元气”的基本前提。见宗密《华严原人论》,《中国佛教思想资料选编》第2卷第2册,中华书局1983年版,第387页。

式,主张艺术来自自然,又高于自然。康德认为,自然之所以美,是因为它像艺术一样和谐统一;艺术之所以美,则在它像自然一样浑然天成。① 艺术家的任务,是借助想象力从自然素材里“创造一个像似另一自然来”②。歌德对此有独到的发挥。1794 年他与席勒订交时,就提出自己有机论的自然观:“把自然作为一活动的创造的整体来看,再从这整体去了解部分。”③艺术家固然需要忠实于自然,但他不应以全盘模仿自然为能事,而应仿效自然创造万物时所从事的活动,仿效自然的创造精神,从而把艺术创造视为心灵中的一种自然过程。艺术家要拿出一种“第二自然”来奉还给自然,这“第二自然”即是理想的艺术品,是一种“感觉过的,思考过的,按人的方式使其达到完美的自然”④。

照歌德,作为“第二自然”的理想艺术品,要想创造成功,就需要对自然和艺术家自心两个方面,都能作深入体察:

> 他既能洞察到事物的深处,又能洞察到自己尽情的深处,因而在作品中能创造出不仅是轻易的只产生肤浅的效果的东西,而是能和自然竞赛,具有在精神上是完整有机体的东西,并且赋予他的艺术作品以一种内容和一种形式,使它显得既是自然的,又是超自然的。⑤

初一看来,歌德的论述,几乎可以看成是“外师造化,中得心源”思想的外国版本,其实不然。尽管双方在标举造化(自然)、心源(心灵)两端,强调两者交融统一方面多有共同点,但在如何实现二者统一问题上,双方取径毕竟相异。

张璪的八字诀,是建立在老庄论道基础之上的,撇开前已提及的学理不论,即从画史所载张氏作画情态,也可见出端倪。张彦远《历代名画记》说:“初,毕庶子宏擅名于代,一见惊叹之,异其唯用秃毫,或以手摸绢素。因问璪所受,璪曰:‘外师造化,中得心源。’毕宏于是阁笔。”这里略提到的“唯用秃笔”、“手摸绢素”,尚难明毕宏搁笔之所以,而在符载所撰《观张员外画松石

---

① 参见康德《判断力批判》上卷,第 45 节,商务印书馆 1964 年版。

② 参见康德《判断力批判》上卷,第 45 节,第 160 页。

③ 宗白华:《席勒和歌德的三封通信·译后记》,《宗白华全集》第 4 卷,第 41 页。

④ 歌德:《〈希腊神庙的门楼〉发刊词》,转引自朱光潜《西方美学史》下卷,人民文学出版社 1964 年版,第 77—78 页。

⑤ 歌德:《〈希腊神庙的门楼〉发刊词》,转引自朱光潜《西方美学史》下卷,第 78 页。

序》里,经过作者一番绘声绘色的描述,张璪运用气功作画,那威势简直凛凛逼人,不怪毕宏一见叹服:

员外居中,箕坐鼓气,视机始发。其骇人也,若流电激空,惊飙戾天。摧挫斡掣,㧑霍瞥列。毫飞墨喷,捽掌如裂,离合惝恍,忽生怪状。及其终也,则松鳞皴,石巉岩,水湛湛,云窈眇。投笔而起,为之四顾,若雷雨之澄霁,见万物之情性。观夫张公之艺非画也,真道也。当其有事,已知遗去机巧,意冥玄化,而物在灵府,不在耳目。故得于心,应于手,孤姿绝状,触毫而出,气交冲漠,与神为徒。①

熟悉《庄子》的人容易看出,这段文字是依《养生主》"庖丁解牛"故事的框架记述的,而张公作画确也如庖丁解牛一般,由"技"进于"道","以神遇而不以目视",完全进入主客体合一的自由之境,这是中国历代艺术家始终向往的艺术创造的极境。而"气交冲漠,与神为徒"二语,更道出张公作画时主客体的合一,是彼此间气的合一、节奏的合一。这一创造境界,照宗白华的说法,就是形而上的"道"和"艺",能"体合无间"。②

德国古典美学把实现艺术创造中自然与心灵结合的特定功能归之于"精神"。康德说过,从审美的意义上说,"精神"就是"那心意付予对象的生命的原理"③。在艺术创造过程中,审美意象一定要和"精神"结合在一起。④ 这里的"精神"一语,德文 Geist,有精神、心灵、思想、意图、才智、智慧、神灵、幽灵等含义,汉语中颇难找到完全对等的词语,在美学上,它往往指一种能使心灵生动起来,使各种审美的心意功能活跃起来的力量。创作有了它,作品才显得富有生气。从这个意义上,它或许跟我们惯常说的"灵气"一语意思仿佛。

歌德也极为重视"精神"在创作中的作用。1827 年他在同爱克曼的谈话中指出:

艺术要通过一个完整体向世界说话。但这种完整体不是他在自然中所能找到的,而是他自己的心智的果实。或者说,是一种丰产的神圣的精

① 转引自俞剑华《中国画论类编》,人民美术出版社 1986 年版,第 20 页。

② 宗白华:《中国艺术意境之诞生(增订稿)》,《宗白华全集》第 2 卷,第 367 页。

③ 康德:《判断力批判》上卷,商务印书馆 1964 年版,第 159 页。

④ 宗白华:《中国艺术意境之诞生(增订稿)》,《宗白华全集》第 2 卷,第 163 页。

神灌注生气的结果。[①]

上引最后一句话,朱光潜先生又译为“它是由产生这果实的神灵气息吹成的”[②]。译为“神圣的精神”也好,译为“神灵的气息”也好,反正由 Geist 而来的生气,属于心灵,是艺术作品完整性得以实现的特殊力量。

黑格尔把“最高度的生气”看成“伟大艺术家的标志”。[③] 在艺术创作中,心灵为自然素材灌注生气,使充满差异的现象化为“整体”,显现为“个体”,化为既保留差异又协调一致的“统一体”[④],黑格尔明确地将艺术创作中生气灌注的来源归之于心灵,“生气灌注”某种意义上也就是表现艺术家的内心生活。他说,那些表现自然事物题材的绘画里,构成内容核心的并非题材本身,“而是艺术家主体方面的构思和创作加工所灌注的生气和灵魂,是反映在作品里的艺术家的心灵,这个心灵所提供的不仅是外在事物的复写,而是它和它的内心生活”[⑤]。在黑格尔美学里,灵魂为自然题材灌注生气,已经同艺术家的心灵表现内心生活——情感,紧紧地联系在一起了。

黑格尔的“生气灌注”论,经过费肖尔父子的发挥,转为情感向自然事物“感入”或“移入”的“移情作用”(Einfu—hung,意谓“把情感渗进里面去”),成为 19 世纪在西方流传甚广的“审美移情”理论的滥觞。这个发展线索,朱光潜《西方美学史》曾辟专章评述,不妨参看。[⑥]

“移情说”与中国传统美学的“感物动情”说,区别至为明显:前者强调主体情感对外的单向投射,后者强调心灵与外物的相互感发;前者视外物为情感投射的消极容器,后者视外物与人同为生命体,两者相契相安。西方的“生气灌注论”既是“移情说”的前身,那么,在艺术与自然关系上,虽然中西美学都讲“气”,但一主心灵外注,一主心物互感,还是截然有别。中国的“气论”,以肯定万物均禀有生命元气为理论前提。尊重自然万物的生命之气,就是尊重它们自身的感性生命特征。这跟中国自然审美意识特别发达,跟中国艺境创

① 《歌德谈话录》,朱光潜译,人民文学出版社 1978 年版,第 137 页。
② 朱光潜:《西方美学史》下册,人民文学出版社 1964 年版,第 79 页。
③ 黑格尔:《美学》第 1 卷,商务印书馆 1979 年版,第 221 页。
④ 黑格尔:《美学》第 1 卷,第 162 页。
⑤ 黑格尔:《美学》第 3 卷,上册,第 229 页。
⑥ 朱光潜:《西方美学史》第 18 章《“审美的移情说”的主要代表》,人民文学出版社 1964 年版。

造特别重视从自然山川乃至花鸟虫鱼中取用题材，有极大关系。

宗白华在意境创构论上，坚持中国美学的固有传统，并参照西方近代美学而有所发挥。他曾以山水花鸟画的境界创造为例，认为这一境界创造所依恃的，为老庄思想及禅宗思想，其要领为：

> 于静观寂照中，求返于自己深心的心灵节奏，以体合宇宙内部的生命节奏。①

这里把意境创构分成三个环节：一是静观寂照，即以虚静心胸欣赏外物的生命情态；二是返观内视，求得外物生命节奏与自我深心生命节奏（实为情感节奏）的同频共振，求得我情与物情的和谐统一；三是由物我共感而物我同一，冥合天人，进达天地境界。三个环节，生命节奏（实为气的节奏）一以贯之，成一完形。而三者关系，"静观"偏重客观（外师造化），"返观"偏重主观（中得心源），"冥合"则物我都泯，使造化与心源凝合一体，成一"有生命的结晶体"，艺术意境，于焉诞生。这一意境创构论，未悖传统美学大旨，又借德国美学之力，将原有分散而隐涵不显的生命哲学精义，扼要揭出，自成统系，遂使"外师造化，中得心源"的八字真言获得现代形态，显出现代意义。

第二节　艺境创构的层深分析

上面提到的意境创构三个环节，是宗白华关于意境层深创构理论的引子，他还曾就此作过进一步的分析：

> 艺术意境不是一个单层的平面的自然的再现，而是一个境界层深的创构。从直观感相的描写，活跃生命的传达，到最高灵境的启示，可以有三层次。②

这三层次，宗先生又称为"写实（或写生）的境界、传神的境界和妙悟的境界"③。它们层层递进，彼此承接，是由浅入深的动态过程。中国艺术并没有写实主义、理想主义、形式主义之类的严格区分，因为它所追求的境界，不论在何种层面，都指向主观与客观交融互渗，现实与理想有机统一。

---

① 《论中西画法的渊源与基础》，《宗白华全集》第2卷，第109页。

② 《中国艺术意境之诞生（增订稿）》，《宗白华全集》第2卷，第365页。

③ 《中国艺术三境界》，《宗白华全集》第2卷，第385页。

“直观感相的描写”,得之于“静观寂照”。此时,艺术家“空诸一切,心无挂碍,与世务暂时绝缘”,以一点觉心,静观万象,从息息生灭、变转不停的万物情态,捕捉和欣赏它们各自充实的、内在的、自由的生命。此时,若将这直观感相形诸笔墨,所显现的,即是“写生的境界”。

中国哲学强调“以静观动”。道家讲“涤除玄鉴”,佛家讲“寂而常照,照而常寂”,都出于一个宇宙论的基本观点,即万物“动静不二”。僧肇以为万物“虽动而常静”(《物不迁论》),这个“静”,不是绝对静止,而是“同动之谓静”,即万物在永恒不息的运动中显现的秩序、条理、形式,万化的“变中之常”,也就是宇宙生生不穷之“理”。宋人讲“格物致知”,得于一“静”:“天下真理,日见于前,未尝不昭然与人相接。但人役于外,与之俱化,自不见耳,惟静者乃能得之。”(叶梦得:《避暑录话》)宗白华也说:“一切无常,一切无住,我们的心,我们的情,也息息生灭,逝同流水。向之所欣,俯仰之间,已成陈述。”①单凭我们的感官印象,无法把握瞬息万变的生命活动,唯有以虚静空明的心胸,清明合理的意志,才能于“静照”中将纷杂的印象,化为有序的景观,将陆离斑驳的物象,化为整全的意象。这就是苏轼所说的“静故了群动,空故纳万境”。对于基于气论的中国美学而言,观赏者需从对象物的生机生气,运动变化的“几微”之兆,去发现生命活动的节奏与旋律,对主体心胸的“虚静”、“空寂”,就需要更高的要求,这是不言而喻的。

“活跃生命的传达”,即所谓“传神”,有赖于将“静照”所得之意象,归返于艺术家自我深心,使外物生命节奏与艺术家心灵节奏交相感应,景(意象)与情(心灵节奏)交融互渗,万物生命情态与艺术家内在生命体验结为一体。一层比一层更深的情,透入一层比一层更晶莹的景,“景中全是情,情具象为景”,于是构成“传神”之境。

宗先生提出意境创构必须“求返自己深心”,确乎捉住了中国美学的特异处。中国哲学重体悟。孔孟讲“求诸己”、“反身而诚”,老庄讲“反观内视”,禅宗讲“直指本心”,都教人归返自心,对宇宙人生深沉反思,从容体验,以求一悟而体道、达道。中国的先哲,并不以为光凭身观目接的外部经验即可得到生命真谛,而是强调外部经验必须返归内心,转为生命体验,方能体认本体。

① 宗白华:《歌德之人生启示》,《宗白华全集》第2卷,第9页。

这是因为,中国哲人的宇宙观本是“时空合体”,“以时统空”。照康德,空间是“外部经验”的直观形式,时间则是“内部经验”的直观形式,前者得自耳目,后者得自内在的体验。正如杜诗所云“乾坤万里眼,时序百年心”,万里空间可验之于目,百年时序却只能体之以心。中国哲学既以为整个宇宙是大化流行的时空合一体,万物生命运动都呈现为音乐般的节奏,所以在美学上,“静照”就离不开体验,对外物的观赏必然要归返自心。对时间的体验,就是对生命的体验。观赏归返自心,也就是情景的交融互渗。艺术家就在意象的归返自心的过程中,将自己的生命体验透入意象。此时的意象,便不止描摹出外物的生命姿态,而能同时传达艺术家对生命的感悟。前者只是写实,后者方可谓传神。

“最高灵境的启示”中所谓“最高灵境”,是艺术家以全部人格力量体合宇宙生命而进达的“玄境”。此一境界,中国美学素以“物我同一”、“心游玄冥”、“物化”、“神合”一类语词加以描述,而究其实,乃是对于宇宙、人生深层意义的最高体验,难以辞叙,难以言传。西方现代哲学、心理学所谓“宇宙意识”、“高峰体验”,或与此庶几近之。

“最高灵境”的重要特点是忘怀物我,忘怀现实时空,而与外物合而为一。此时,物亦我,我亦物,“我”之生命与生机鼓荡的宇宙生命在节奏上完全融成一片,“我”被否定了(“无我”),但又被肯定了,因为人的小生命化为宇宙大生命,“我”遂涌起永恒之感,不朽之感。这在西方即称之为“宇宙意识”(Cosmic consciousness),它的首要特征“是意识到宇宙,就是意识到宇宙的生活和秩序……同时有了一种可以叫做不死之感的东西,觉得生命长存,并不是只相信他将来会长生,乃是觉得他已经是长生”①。

这种物我同一的体验,美国心理学家马斯洛(A.H.Maslow,1908—1970)则称之为“高峰体验”(Peak experience)。宗教徒在宗教仪式中有如“晤对神明”时,音乐家在特征的演出中完全陶醉于其中时,哪怕是母亲看到孩子、父亲和孩子玩得忘乎所以时,都可能经历这样的体验。这是一种“崇高敬畏的时刻,高度幸福的时刻,或欣喜若狂,心醉神迷,或极度欢乐的时刻”,此时,人

① 勃克(Dr. Bucke):《宇宙意识》,1901年版,转引自唐钺《中国古典文学里的神合感》,《心理学报》1983年第4期。

们有一种丧失自我意识而与世界合为一体的趋势。“神秘的面纱通常使人与生活的意义相隔离,现在则被撕开,他或她经验到真理的本质,并似乎领悟了生命之谜,即使只有片刻如此。”①

马斯洛认为“高峰体验”足以使人在“片刻”面对真理本质,领悟生命之谜,这种从心理描述角度得出的结论,与宗白华从哲学角度探出的“最高灵境”启示意义有相通之处。他认为,艺术的境界“引人精神飞越,超入美境”,便能“进一步引人‘由美入真’,探入生命节奏的核心”,由此“乃得真自由、真解脱、真生命”。② 中国诗文常见体道、禅悟境界的描写,李白的“闲去随舒卷,安识身有无”(《赠丹阳横山周处士惟长》),柳宗元的“澹然离言说,悟悦心自足”(《晨诣超师院读禅经》),这类诗句,说的正是神游天地,不知有我的“神合”之境。柳宗元宴游西山,在一片暮气中体验到“心凝形释,与万化冥合”;袁中道于爽籁亭听泉,收视反听,“洒洒乎忘身世而一死生”,更表明“神合”境界,乃审美中最高的自由境界。宗先生说它能令人得真自由、真解脱、真生命,洵非虚语。

宗白华对意境创构三层次的划分和解说,隐含德国古典哲学的“三分法”。这种三分,不是就事物表面联系任意划分阶段。歌德 1788 年撰有《单纯的自然描摹·式样·风格》一文,在西方久被推崇为经典之作。1935 年,宗先生特亲为翻译,作为歌德“经过许多经验许多思索后的最成熟的艺术理论”,介绍给中国读者。他推崇歌德的理论,尤赞许歌德的方法。

> “单纯的自然描摹”,“式样”,“风格”三者,构成艺术过程底辩证式(dialectic)的三阶段。“式样”是超越“单纯的自然描摹”以表示主观形式,“风格”则又超越小己的主观以伸入客观自然的永恒性与永久型,包含前二者而超越之,成功自然一样的伟大与美丽!③

对于宗先生自己的意境层深创构论,我们也可以作如是观。直观感相的描写,活跃生命的传达与最高灵境的启示,不正也构成“艺术过程底辩证的三阶段”吗!“直观感相”,偏于客观,偏于有限;经归返自心,超越客观有限而情

---

① 转引自 J.P.查普林、T.S.克拉威克:《心理学的体系和理论》,下册,林方译,商务印书馆 1984 年版,第 106—107 页。

② 《略谈艺术的价值结构》,《宗白华全集》第 2 卷,第 71 页。

③ 《〈单纯的自然描摹·式样·风格〉译者引言》,《宗白华全集》第 4 卷,第 15 页。

意化,偏于主观,通向无限;至“最高灵境”,更超越个我情意,借有限情景以表现无限的宇宙生命,每一具体物象,均为无限宇宙生命的象征,造化与心源,至此完满整合。而种种层境,至此方为归宿。

第三节 意境创构:灵感与天才

“艺术表演着宇宙的创化。”①意境的创构,是艺术家心灵活跃的成果。而艺术家的心灵活跃,本身就是宇宙创化的一部分,历来被视为“天机自启”,“天籁自鸣”,非人力所能获致,非当事者所能自知。这就是艺术创作中突然来去,不可重复,有若神助的“灵感”。青年宗白华即曾断言,它是“一切高等艺术产生的源泉,是一切真诗、好诗的(天才的)条件”②。

什么是“灵感”?西方早在柏拉图时代就有“神赐迷狂”之说,诗神缪斯之神灵凭附于诗人,则诗思泉涌,遂成佳构。直至晚近,西方人仍将灵感等同于宗教神秘经验,断诗学通于神学。③ 中国由于早在先秦即以元气“阴阳不测”的神妙变化取代了人格神,所以中国人虽称灵感为“神来”、“神到”之候,却不以为这是神赐,而是人在思考过程中精气突然贯通的结果。《管子·心术》说:“思之思之,复又思之,思之不得,鬼神教之。非鬼神之力也,其精气之极也。”《周易·系辞》讲“寂然不动,感而遂通”,也是说心与物在气的层面上能相感相通。因而中国美学说灵感,虽言其“来不可遏,去不可止”(陆机语)、“默契神会,不知然而然”(郭若虚语)、“千变万状,不知所以神而自神”(司空图语)、“穷元妙于意表,合神变乎天机”(张彦远语),肯定了灵感突发性、易逝性和神妙的创造功能,但仍将其归结为自然借人手以实现其创化,即所谓“人之巧即天之巧也”④。

宗白华论意境创构时,多及灵感问题,尽管有时并未直用“灵感”二字。他指出,意境是在艺术家创造性活动中“突然”涌现出来的,这“突然”性,正是

① 《宗白华全集》第2卷,第369页。

② 《新诗略谈》,《宗白华全集》第1卷,第183—184页。

③ 如法国神父白瑞蒙(Henri Bremond)在20世纪20年代著《诗醇》即持此旨,钱钟书先生曾详予驳难。见《谈艺灵》,中华书局1984年版,第88节。

④ [清]松年:《颐园画论》,引自《中国画论类编》,人民美术出版社1986年版,第327页。

灵感到来的征兆。

意境是艺术家的独创,是从他最深的“心源”和“造化”接触时突然的领悟和震动中诞生的,它不是一味客观的描绘,像一照相机的摄影。①

意境不是自然主义地描写现实,也不是抽象的空想的构造。它是从生活的极深刻的和丰富的体验,情感浓郁,思想沉挚里突然地创造性地冒出来的。②

这种微妙境界的实现,端赖艺术家平素的精神涵养,天机的培植,在活泼泼的心灵飞跃而又凝神寂照的体验中突然地成就。③

从上引可以看出,在意境创构中,灵感的降临和最高灵境的呈现,其实是一回事。这个突如其来的时刻,“心资神遇,不可力求”(虞世南语),然而却有它产生的条件。

首先,灵感来自“心源”与“造化”接触时“突然的领悟和感动”。用宗先生早年的话来说,就是“诗人的心灵与自然的神秘互相接触映射时”造成的“直觉灵感”④,其所以“神秘”,就在心灵与自然彼此生命节奏之间发生的感应不可言说。宗白华不止一次地引述中国艺术史上两个著名的故事,即大书法家张旭见公孙大娘剑器舞而悟笔法,大画家吴道子请裴将军旻舞剑以助壮气。舞蹈是造化生命节奏的升华,舞蹈激活了艺术家心灵,使内心节奏能迅速找到它的同构形式,化为墨喷笔舞的书画杰作。杜甫形容诗的最高境界说:“精微穿溟涬,飞动摧霹雳。”宗先生解说为:“前句是写沉冥中的探索,透进造化的精微的机缄,后句是指大气盘旋的创造,具象而成飞舞。深沉的静照是飞动的活力的源泉。”⑤在灵感中,凝神寂照和活跃的心灵突然点化为一。

其次,灵感的产生,有赖于艺术家的人格涵养。明人文征明有云:“人品不高,用墨无法。”李日华亦云:“必须胸中廓然无一物,然后烟云秀色,与天地生生之气,自然凑泊。笔下幻出奇诡。”⑥旧式的中国文人讲究的人格修养,是

---

① 《中国艺术意境之诞生》(增订稿)》,《宗白华全集》第2卷,第369页。
② 《中国书法里的美学思想》,《宗白华全集》第3卷,第424页。
③ 《中国艺术意境之诞生(增订稿)》,《宗白华全集》第2卷,第364页。
④ 《新诗略谈》,《宗白华全集》第1卷,第183页。
⑤ 《中国艺术意境之诞生(增订搞)》,《宗白华全集》第2卷,第370页。
⑥ 李日华:《竹嬾论画》,《中国画论类编》,人民美术出版社1986年版,第131页。

一己的内心自省和情感陶冶,有从现实生活退避的倾向。宗白华却受西方影响,看取积极进取的人生态度,因而将对生活深刻丰富的体验,视为灵感产生的前提。他强调:

> 真正的艺术生活是要与大自然的造化默契,又要与造化争强的生活。文艺复兴的大艺术家也参加政治的斗争。现实生活的体验才是艺术灵感的源泉。①

拥有艺术灵感常常是天才的标志。宗白华认为,天才艺术家有更为丰富的情感和想象力,而下意识能力尤较常人更为超拔,天才的智慧,乃"直觉之智慧,并非纯由经验得来者"②。

中国画论以为,绘画之"气韵生动"一法,"系乎得之天机,出于灵府"。"必在生知,固不可以巧密得,复不可以岁月到,默契神会,不知然而然"。③ 气韵生动"为"六法"首要。天才之于创作,关系之紧要由此可见。袁中道论作文亦云:"心机震撼之后,灵机逼极而通,智慧生焉。"(《陈无异寄生篇序》)这种"智慧",乃"直觉之智慧",正是天才的表征。

天才,顾名思义,就是天赋其才,"天纵其能"④,似乎无理可讲,亦无须多讲。然而,宗白华却从前人记述中,为中国美学的天才论,找着了形而上的依据,从而和西方美学的天才论沟通起来。

宗白华以为,中国人之所以认为天才是天生的,首先因为艺术本身就是天生的。中国人常说艺术可以"泄造化之秘",好像已成谈艺常理,并无深意,宗先生却从类似的表述中,发现了形而上的理论意义。他高度评价张彦远在《历代名画记》中的一段议论:"夫画者,成教化,助人伦……穷神变,测幽微,与六籍同功,四时并运,发于天然,非由述作。"以为表述了张氏对艺术"形而上学的思索",而与温克尔曼所说"最高的美在上帝那里",若合符节,因为两者所表达的是同一观点:艺术的"最根本最原始的来源,在宇宙的深处"。宗先生强调指出:"说是神变也好,说是造化也好,说是天地也好,说是上帝也

---

① 《哲学与艺术》,《宗白华全集》第 2 卷,第 57 页。

② 《美学》(讲稿),《宗白华全集》第 1 卷,第 503 页。该讲稿备有"天才问题专节,于"天才"讨论甚详,请一并参看。

③ 郭若虚:《图画见闻志叙论》,《中国画论类编》,人民美术出版社 1986 年版,第 59 页。

④ 唐人朱景玄评吴道子语。见《唐朝名画录序》,《中国画论类编》,第 22 页。

好,都没有关系。就事实的观点看,或者要遭到刻舟求剑的苦恼,但倘若就价值的观点看,或就美学的逻辑看,这却是颠破不灭的真理,这乃是所有美学家都要如此肯定的一种假设。”

正因为艺术是天生的,“所以从事的人贵乎天才,贵乎创造,贵乎写实,贵乎气韵”①。有人问张彦远,吴道子何以作画时能“左手划圆,右手划方”,自由挥洒?张答以“合造化之功,假吴生之笔”。宗先生评论说:“这是说明了艺术创作之不能以意志操纵处,这正是和理智工作大不同的地方。”②艺术创造不受意志的操纵,不受概念的束缚,而能求得合目的性与合规律性的统一,艺术创造乃是最自由的创造。这便是前人天才论的真义。

不难意会,宗先生在诠解张彦远有关天才的论述时,有着德国美学天才论尤其是康德美学天才论的内在参照。康德一个著名的命题是“自然通过天才为艺术立法”。

> 天才就是那天赋的才能,它给艺术制定法规。既然天赋的才能作为艺术家天生的创造机能,它本身是属于自然,那么,人们就可以这样说:天才是天生的心灵禀赋,通过它给艺术制定法规。③

康德在这里为科学和艺术划分出基本界限。科学由人为自然确立法规,而艺术则是自然通过天才来为艺术确立法规。天才是自然给予人的赠品。他所确立的法规“不能要约在任何一个公式里”,是无法之法,不定之规。因为它具有独创性,它是通过艺术家所独创的典范作品来体现的。这个创造过程,对于艺术家而言,第一是不自觉的、无意识的,他只受灵感的驱遣而不明其所以;第二,他完全没有预定规划,因而也不可传授,不可重复。自然之所以通过天才为艺术立法,说到底还是为了人,使人通过审美意象和审美理想的引导,实现从自然人向文化人的转换,把人引导到自然的最终目的。

如果我们把宗先生有关灵感与天才的全部论述放在一起加以琢磨,康德关于天才与自然关系的思想,隐含在宗先生的诠释里,乃是依稀可辨的。

---

① 以上均见《张彦远及其〈历代名画记〉》,《宗白华全集》第2卷,第457页。

② 《张彦远及其〈历代名画记〉》,《宗白华全集》第2卷,第458页。

③ 康德:《判断力批判》上卷,商务印书馆1964年版,第152页。

第六章　艺境创构论（之二）

——俯仰往还，远近取与

“静照（contemplation）是一切艺术及审美生活的起点。”①静照，又译“观照”，即以无功利的寂静胸怀，凝神直观，历览万物，感受万物。无论中西，美感的获取，都从静照开始，意境的创构，也从静照开始。

然而，中西双方的静照方式，却有显见的不同、西方人站在固定地点、由固定角度透视深空，他的视线失落于无穷，驰于无极。中国人却不是从固定的角度集中于一个透视的焦点，而以流盼的眼光飘瞥上下四方，仰观俯察，移远就近，饮吸无穷于自我之中！

中国特有的审美观照法，宗先生以“俯仰往还，远近取与”八个字称之。这一观照法是怎样形成的，如何影响中国艺术的意境创构？宗先生有自己的思索，独到的领会。

第一节　中国观照法的原型

审美的“静照”，不是普通的、日常的“观看”，它在直观中有感悟，感知中有体验，有如陶渊明“悠然见南山”的“见”：一“见”之下，即会“真意”。它既

① 《论〈世说新语〉和晋人的美》，《宗白华全集》第2卷，第277页。

是审美生活的起点,也是哲学彻悟生活的起点,两者在源头上是一致的。[①] 因此对审美观照的心理学描述,就应当和对它的哲学分析结合在一起,取用哲学——心理学的方法去研究,这正是宗白华美学思想的一个重要特色。

"俯仰往还,远近取与,是中国哲人的观照法,也是诗人的观照法。"[②]宗白华沿波讨源,从《周易》"观象设卦"之法中,为这一观照法找到了文化哲学的原型。

古代圣王为弥纶大地,彰显大道,制作了"易象"。而"易象"是"观物取象"的结果。"古之包牺氏之王天下也,仰则观象于天,俯则观法于地,观鸟兽之文,与地之宜,近取诸身,远取诸物,于是始作八卦,以通神明之德,以类万物之情。"[③]易象制作,着眼于宇宙全景,着眼于万物生机生气之运行,故需历览上下四方,于是仰观俯察、远近取与之观照法成焉。

这一观照法,是和《周易》"气化宇宙"的宇宙构成论相适应的。阴阳二气,普运周流,此谓之"道"。阴阳互动之道,支配天体运行,四时代序,昼夜来复,"在天成象";促使山泽通气,云行雨施,山川草木,得以养育,"在地成形"。这是由道而气,由气而物,由物而"象"的降生程序,构成此一现象世界。圣人体认此一世界,则反向而行。他仰观天象,俯察地理,是由万物之象,体察其所由生成之气的功能,复由气的功能而体察大道运行。阴阳二气是在一上一下,一往一返,一开一阖,一刚一柔的节奏中运行的,道的运行也循环往复,周而复始。"无往不复,天地际也。"[④]人对天地的仰观俯察也是往复流盼,无有已时。天覆地载,人居其中,人以仰观俯察的流观之眼,尽得天地间阴阳二气流转不息之势,正如孟子所形容的君子:"上下与天地同流。"(《孟子·尽心上》)

如果说,仰观俯察所把握的是现象世界的纵向之维,俯仰之间,可以游观天地;那么,"近取诸身,远取诸物"所把握的便是横向之维,远近往还中便可历览四方。近取诸身,从我出发;远取诸物,观物而归返我心。心之与物,成一

---

① 《宗白华全集》第2卷,第277页。

② 《中国诗画中所表现的空间意识》,《宗白华全集》第2卷,第439页。

③ 《周易·系辞》,《十三经注疏(标点本)·周易正义》,北京大学出版社1999年版,第298页。

④ 《泰卦·象传》,《十三经注疏(标点本)·周易正义》,北京大学出版社1999年版,第68页。

循环通路,阴阳二气,得以周流其间。此即《礼记》所谓“志气塞乎天地”①。

总之,照《周易》的观照法,宇宙是开放的,阴阳二气上下四达,贯彻中边;人的心灵也呈开放状态,借俯仰、远近的往复观照与宇宙通贯一气,打成一片。于是,人遂成为”天地之心”:“天高远在上,临下四方,人居其中央,动静应天地。”②这一观照法的理论意义,从哲学上说,是将天道、地道、人道三者融通为同一的阴阳互动之道;从审美方面说,则是将律历哲学揭出的“无声之乐”转换为心灵的音乐。

《周易》观照法也与老庄之学多有相通。老子认为,道之体“独立而不改”,其运行方式是“周行而不殆”:“吾不知其名,字之曰道,强为之名曰大。大曰逝,逝曰远,远曰反。”(《老子》25章)王弼注曰:“周行无所不至,故曰‘逝’也。”“周行无所不穷极,不偏于一逝,故曰‘远’也。”“不随于所适,其体独立,故曰‘反’也”。③ 就是说,道之为体,无所不至,不偏于某一隅,不止于某一物,在它生成万物之后,仍然返回到它独立的本体。正如老子所指出:“玄德深矣远矣,与物反矣,然后乃至大顺。”(《老子》65章)大道由远而返,由返而远,终而复始,无有穷时。

这一运行方式,老子以一字称之,就叫做“复”。它实是天地间元气流转所构成的宇宙生命大节奏。因此,观道就是观“复”。老子以为,“夫物芸芸,各复归其根”,每一物的生而壮,壮而老,老而死,都体现了道的运行,反归于道自身。人若以虚静空明之心,就可从万物蓬勃生长中,直观这个“复”,领悟宇宙生命的节奏:“致虚极,守静笃,万物并作,吾以观复。”(《老子》16章)与此相应,人在观“复”之时,空明的心,即随物宛转,跟着节奏变化。其观物方式,用王弼的话来说,即“以复而视”。《老子》38章王弼注云:“以复而视,则天地之心见。”王弼认为“天地以无为心”④,这个“至无”的“天地之心”,亦即本体之道。观者“以复而视”,道体即自行呈露于心目。王弼从道的运行方式

---

① 《礼记·孔子闲居》,《十三经注疏(标点本)·礼记正义》,北京大学出版社1999年版,第1393页。

② 《礼记·礼运》孔疏,《十三经注疏(标点本)·礼记正义》,北京大学出版社1999年版,第699页。

③ 《王弼集校释》,中华书局1980年版,第64页。

④ 上引均见《王弼集校释》,中华书局1980年版,第93页。

引出相应的观道方式,将其共同点归之于“复”,突出了体道也具有流动往复,循环不已的特点,应该说是符合老学本义的。

“庄子是具有艺术天才的哲学家。对于艺术境界的阐发最为精妙。”①他所追求的“逍遥游”境界,既是体道的境界,也是艺术意味的境界。庄子“乘天地之正而御六气之辨(通“变”),以游无穷”(《逍遥游》),一个“游”字,泄尽了《庄子》书的秘密。② 这个“游”,并非身游,乃系心游、神游。有如庄子在《天下》篇中所自叙自评:“独与天地精神往来而不敖倪于万物……彼其充实不可以已,上与造物者游,而下与外死生无终始者为友,其于本也,宏大而辟,深闳而肆……”庄子独自神游于无限的宇宙,但他并不是寂寞的孤独者,因为他能“乘变化而遨游,交自然而为友,故能混同生死,冥一始终”(《天下》成玄英疏)。所以庄子又将逍遥游称为“乘物游心”③。

“道无终始”而“物有死生”,“道”无穷而“物”有限,自“物”如何去观道、体道? 庄子认为“道不逃物”,道有“周、偏、咸”的品格(《庄子·知北游》),它体现在任何一物的生命过程中。因为万物乃发乎天地的至阳至阴,“两者交通成和”所生,“消息满虚,一晦一明,日改月化,日有所为,而莫见其功。生有所乎萌,死有所乎归,始终相反乎无端而莫之所穷”(《庄子·田子方》)。就是说,整个宇宙充塞着阴阳二气,它支配万物曰改月化,生萌死归。“始终相反乎无端”,在空间、时间上都无穷无尽。这一宇宙图景,庄子称其为“天地之大全”(《庄子·田子方》)。

所谓“逍遥游”,就是与“天地之大全”体合的过程。体道者以全副生命投入自然,将自身生命之气与宇宙生命之气、万物生命之气融合为一。庄子《齐物论》的“天地与我并生,而万物与我为一”,即此之谓。宗白华特拈出《庄子·知北游》一节,以明其融合过程。

> 吾已往来焉,而不知其所终。彷徨乎冯闳〔郭注:“冯闳,虚廓之谓”)。大知(宗注:即智者)入焉,而不知其所穷,物物者与物无际。而物有际者,所谓物际者也。不际之际,际之不际者也(宗注:即见于物际仍

① 《中国艺术意境之诞生(增订稿)》,《宗白华全集》第2卷,第367页。

② 宗白华说:“《庄子》书这‘游’字却泄漏了庄子的秘密。”《道家与古代时空意识》,《宗白华全集》第3卷,第282页。

③ 《庄子·人间世》:“乘物以游心,托不得已以养中,至矣。”

是不际,即于物中见到无穷)。

宗白华说:"庄子的空间意识是'深闳而肆'的,它就是无穷广大、无穷深远而伸展不止、流动不息的。"①既如此,"智者"的"逍遥游",便不能不是"往来"无尽,"彷徨"无止,"入"于宇宙大生命之流,泯灭物我界限,从而"于物中见到无穷",与自然合为一体。其观物方式,便不能不是"一上一下,以和为量,浮游于万物之祖"(《庄子·山木》),"大知观于远近"(《庄子·秋水》),以抚爱宇宙万物的情怀上下流眄,远近往复,与物绸缪。此时,"智者"便会得到真自由、真解脱,既体验投入自然的欣慰与满足,也体验超越现世的解放与超脱。较之老子,庄子的体道方式,已从静观于道转入精神活动的自由扩展,其观照方式,也从哲理领悟进于体道的内在体验。其上下流眄、远近往还的所在,已是心灵创造的又一时空。其中的高与远,已是意中之高,意中之远。逍遥之境,实乃想象中、体验中的心灵之境。从这一点说,它与审美的意境,已颇难区分了。

然而,在庄子,"逍遥游"毕竟是古代圣王、神人真人(即"大知")的专擅。"逍遥游"转换为士人的普遍人生理想,需要经过魏晋玄学的洗礼。

在魏晋,类似庄子"逍遥游"的人生理想,有了新的名称,那就是"玄远"。玄学家"宅心玄远",也就是寄情"逍遥"。"玄远"最初与人物品藻发生关系,见于刘邵《人物志》。刘氏提出观人之法有所谓"八观",其第八也是最关键一法是"观其聪明,以知所达"。刘氏以为,"明"高于"智","智能经事,未必及道,道思玄远,然后乃周"(《人物志》卷中《八观》)。"玄远"之思,可及周偏之道,是人才最高智慧的标志。王弼更将"玄"与"远"视作"道"的别名,他在《老子指略》中提出,"道"也可用"玄、深、大、微、远"来表述。虽然道不可名,六种称谓都"未尽其极"。难该道之整全②,但王弼视"玄"、"远"为"道"的同等概念,使之与"道"这个哲学最高范畴并驾齐驱,无疑会对当时崇尚玄远的士风,起有力的煽扬作用。

阮籍、嵇康"以庄周为模则"(《三国志·王粲传》),不但"善言玄远",而且身体力行,全面按照庄子的人格理想以塑造自我,将"逍遥游"的人生追求

---

① 《道家与古代时空意识》,《宗白华全集》第3卷,第282页。

② 《老子指略》,《王弼集校释》,中华书局1980年版,第196页。

付诸实践,建构起超俗绝尘、自由放达的审美式人格。史称阮籍“志气宏放,傲然独得,任性不羁”(《晋书·阮籍传》)。嵇康“超迈不群”(《晋书·嵇康传》),均不失“玄远”本色。在阮籍,所谓“玄远”便是“腾精抗志,邈世高超,荡精举于玄区之表,摅妙节于九垓之外而翱翔之”①,即在精神的高飞远举中,在超越世俗的精神自由中,满足人生理想,实现人生价值。在嵇康,所谓“玄远”便是“矜尚不存乎心,故能越名教而任自然;情不系于所欲,故能审贵贱而通畅情”②,即超越名教羁縻而顺应自然之道,不为私欲所蔽而通达万物之情。总之,阮嵇引庄入玄,以庄周为师,导致魏晋士人人格意识的觉醒。一种兀然卓立于天地之间,有着自身尊严和价值的独立人格,成为士人梦寐以求的目标。

向秀、郭象注《庄子》,“大畅玄风”。郭象注尤以“独化”之说撤除方内方外的藩篱,使世俗中人,人人可得学庄子,时时处处可得学庄子。“逍遥”之境,“玄远”之思,更为世俗化。东晋名士孙盛次子孙放,表字“齐庄”,以示仰慕庄周之意。放年方八岁进见太尉庾亮,亮问:“何故不慕仲尼,而慕庄周?”放答:“仲尼生而知之,非希企所及;至于庄周,是其次者,放慕耳。”(《世说·言语》刘注引《孙放别传》)孔子是至圣至贤,高不可及,庄子次其一等,可学而可及,故而慕之。这则纪事,表明庄子的人格和人生理想,已得士人普遍认同,成为众皆仿效的对象了。

如果说,魏晋玄风所被,对内是促使人格意识的觉醒,发现自我的人格价值,对外则促使士人寄情于山水,发现山水的美。魏晋名士几乎个个雅好山水。自然山水,“外其器务”,可寄超越世俗的玄思;自然山水,群生万殊,各自生命情态通向宇宙生生的大道,从中可得“悠然一悟”。③ 这是双重意义上的“玄远”。所以,即或像庾亮那样的朝廷重臣,也乐于并习惯于将自己的玄远之心,寄托于山水,“公雅好所托,常在尘垢之外,虽柔心应世,蠖屈其迹,而方寸湛然,固以玄对山水”④。所谓“玄对山水”,用宗白华的话来说就是把山水

① 阮籍:《答伏义书》,《全三国文》卷四十五。

② 嵇康:《释私论》,《全三国文》卷五十。

③ “外其器务”、“悠然一悟“二语,均引自戴逵《闲游赞》,《全晋文》卷一百三十七。

④ 孙绰:《太尉庾亮碑》,《全晋文》卷六十一。

"虚灵化"、"情致化",让一种玄远幽深的哲学意味深透在对自然的欣赏中。[1]

"晋人向外发现了自然,向内发现了自己的深情。"[2]这双向的发现,是互为因果的。因为有自然的发现,魏晋人找到了人生理想的寄托之所,得以成就超然玄远的人格;因为有这种人格的树立,精神上得到真自由、真解放,才能使他们的胸襟"像一朵花似地展开,接受宇宙和人生的全景,了解它的意义,体会它的深沉的境地"[3]。魏晋诗文对自然山水那种"俯仰往还,远近取与"的观物方式,就是着眼于宇宙人生的全景,从中体会其玄远意味而产生的。

第二节　俯仰终宇宙,不乐复何如

仰观俯察以历览天地,这一观物方式,先秦儒家典籍亦时有所载。除前引《易传》之外,最著名的要算《礼记·中庸》中托名孔子所说的一段话:"《诗》云:'鸢飞戾天,鱼跃于渊'。言其上下察也。君子之道,造端乎夫妇,及其至也,察乎大地。"[4]"鸢飞鱼跃"二语,出于《诗·大雅·旱麓》,本用以叹美大王、王季"德教明察",这里被孔子借来作为体察天地之道的观道方式。所谓"上下察",亦着眼于天地全景,从万物得所,各具其乐的生命情态中观道体道,与老子"万物并作,吾以观复",以及庄子逍遥游的体道方式,有相通的意趣。

正因为仰观俯察的观物方式有儒道相通的渊源,魏晋以降,就在士人中受到普遍推崇,在诗文中,首先作为体道方式而被广为传颂:

俯尽鉴于有形,仰蔽视于所盖,游万物而极思,故一言于天外。

——成公绥:《天地赋》

仰寥廓而无见,俯寂寞而无声。

——陆机:《大暮赋》

仰凌眄于天庭兮,俯旁观乎万类……于是忽焉俯仰,天地既闳,宇宙同区,万物为一。

---

① 《论〈世说新语〉与晋人的美》,《宗白华全集》第2卷,第272—276页。

② 《宗白华全集》第2卷,第275页。

③ 《宗白华全集》第2卷,第276页。

④ 《十三经注疏(标点本)·礼记正义》,北京大学出版社1999年版,第142页。

——陆云:《登台赋》

这里“俯仰”所见,是由有形的万物、万类,经体验而乘物游心,进入“至无”,即与天地合一的体道境界,基本上是庄子“逍遥游”的模式。但随着自然美被发现。“俯仰”所见,已非泛泛,而渐趋于具体景物,其中最突出的是青山绿水:

君子有逸志,栖迟于一丘。仰荫高茂林,俯临绿水滨。恬淡养玄虚,沉精研圣猷。

——张华:《赠挚仲洽》

仰眺碧天际,俯瞰绿水滨,寥朗无涯观,寓目理自陈。

——王羲之:《兰亭诗二首》之一

仰照丹崖,俯澡绿水,无求于和,自附众美。

——卢湛:《赠刘混一首并书》

魏晋诗章中,类似的描写甚多。俯仰之间,即目所见,已是具体的色相与情态,如“仰讯高云,俯托清波”,“仰落惊鸿,俯引渊鱼”(嵇康:《赠秀才入军》),“仰睎归云,俯镜清流”(潘岳:《怀旧赋》),等等。然而这里所显示的与其说是具象的物态情态,不如说是诗人吞吐大荒、与天地并立的襟怀气度。左思的“振衣千仞冈,濯足万里流”(《咏史》),即使不直用俯仰字样,也抒写出“俯仰宇宙的气概”①。正如有的论者所指出,这是“旷观宇宙,用自己的心灵编织天地的网,反映的是一种远游的精神气质”②。这气质,在嵇康的名句中表露得最为淋漓尽致:

手挥五弦,目送归鸿,
俯仰自得,游心太玄。

俯首弄弦,奏出生命的音乐;仰首远望,心灵循着飞鸿的归影,入于太空的无尽。心灵的音乐汇入宇宙的音乐,个我和宇宙渗化为一。诗人“拿音乐的心灵去领悟宇宙、领悟‘道’”③,所得的是体道的愉悦——人生最高的快乐,正如陶渊明《读山海经》所写:

俯仰终宇宙,不乐复何如!

然而,俯仰观物,未必一定通向体道悟道的宇宙意识,它也是感物抒怀的

---

① 《中国诗画中所表现的空间意识》,《宗白华全集》第 2 卷,第 439 页。

② 朱良志:《中国艺术的生命精神》,安徽教育出版社 1995 年版,第 385 页。

③ 《宗白华全集》第 2 卷,第 425 页。

重要方式。宗炳《画山水序》说："身所盘桓，目所绸缪"，在徘徊容与，流连忘返之际，一俯一仰，往往感绪万端。曹丕《杂诗》写漫漫秋夜不能成寐，起而彷徨所见：

俯视清水波，仰看明月光。
天汉迴西流，三五正纵横。
草虫鸣何悲，孤雁独南翔。
郁郁多悲思，绵绵思故乡。

清波映月，草虫悲鸣，离鸿远去，一片清冷孤寂之境，均自俯仰间得之。这俯仰，往复不已，这哀感，也缠绵无尽。这类抒情方式，在魏晋诗章中，不为少见：

徘徊蓬池上，还顾望大梁。
……
朔风厉严寒，阴气下微霜。
羁旅无侍匹，俯仰怀哀伤，

——阮籍：《咏怀》

伫盼要遐景，倾耳玩余声。
俯仰悲林薄，慷慨含辛楚。
怀往欢绝端，悼来忧成绪。

——陆机：《于承明作与士龙一首》

仰听离鸿鸣，俯闻蜻蛚（即"蟋蟀"）吟。
哀人易感伤，触物增悲心。
……
徘徊向长风，泪下沾衣衿。

——张载：《七哀诗》

诗中俯仰所见所闻，是朔风，是微霜，是遐景（斜阳暮影），是林薄，是离鸿悲鸣，寒蛩之泣，所有种种，都沉浸在同一的哀伤悲楚的氛围里。

西晋以降，俯仰观物已经成为观赏山水的常见方式。即或前所未睹的陌生景物，仰观俯察之际，也能发现它的美。东晋作家、音乐家袁山松的《宜都记》有这样的记述：

常闻峡（按指三峡之一的西陵峡——引者注）中水疾，书记及口传，悉以临惧相戒，曾无称有山水之美也。及余来践跻此境，既至，欣然始信之,耳闻不如亲见矣。其叠嶂秀峰,奇构异形,固难以辞叙,林木萧森,离离蔚蔚,乃在霞气之表。仰瞩俯映,弥习弥佳,流连信宿,不觉忘返,目所履历,未尝有也。既自欣得此奇观,山水有灵,亦当惊知己于千古矣。

(郦道元:《水经注》卷三十四《江水》引)

这段游记,堪称晋人发现山水美的见证。素以"临惧"闻名的峡中风物,在作者心目之中,所以成为流连忘返的胜景,跟作者已具有高度的审美力,有"仰瞩俯映"的观赏方式相关。而"仰瞩俯映"之所以"弥习弥佳",又因为物我之间,情趣往复交流,产生一份深切的认同感、亲和感:我既因得此奇观而欣然自得,物亦因幸逢知己而自来亲人。

宗白华把中国人对待自然的这种态度称做是"纵身大化,与物推移"①。这种态度决定了中国山水画必然要放弃固定视点的透视法,而采取"以大观小"的特有方法。画家用心灵的眼,笼罩个景,视线流动往复,把全部景物组织成一幅气韵生动,有节奏有和谐的艺术画面,画中的层层山,叠叠水,虚灵绵邈,有如远寺钟声,空中回荡。"我们欣赏山水画,也是抬头先看高远的山峰,然后层层向下,窥见深远的山谷,转向近景林下水边,最后横向平远的沙滩小岛。远山与近景构成一幅平面空间节奏,因为我们的视线是从上至下的流转曲折,是节奏的动。"②这种"以大观小"的构图法,今人称为"散点透视"或"动点透视",往往被西方学者目为"反透视",其实却是体现着中国文化民族的特点,有着自己独特的哲学——心理学依据的透视法。

第三节　移远就近,由近知远

在论述中国诗画的空间意识时,宗先生曾反复引陶渊明《饮酒诗》并三致其意:

结庐在人境,而无车马喧,
问君何能尔,心远地自偏。
采菊东篱下,悠然见南山。

---

① 《中西画法所表现的空间意识》,《宗白华全集》第2卷,第148页。

② 《中国诗画中所表现的空间意识》,《宗白华全集》第2卷,第437—438页。

山气日夕佳，飞鸟相与还。

此中有真意，欲辨已忘言！

这“心远”，是诗人领悟天地“真意”的条件，因为“心远”，诗人远离尘嚣、超脱俗务而有了一颗空明的慧心；因为“心远”，诗人才向自然敞开胸怀，有从自然寻求安顿的高情远致；也因为“心远”，诗人才在采菊之际悠然眺望，由东篱而南山，复由南山而东篱。随归鸟自由飞翔的节奏，将南山秀色，带回自身。其间俯仰自得、远近取与，“于有限见无限，又于无限回归有限”，终于从他的庭园，“悠然窥见大宇宙的生气与节奏而证悟到忘言之境”①。

在空间上向往无穷，追求无尽，可以说是全人类的共同理想。但对无穷空间的想望，中西意趣，大有不同。“西洋人站在固定地点，由固定角度透视深空，他的视线失落于无穷，驰于无极。他对这无穷空间的态度是追寻的、控制的、冒险的、探索的。”②中国人的意趣却不是一往不返，而是回旋往复的：“我们向往无穷的心，须能有所安顿，归返自我，成一回旋的节奏。”③陶渊明的《饮酒》，最鲜明地表露着这种空间意识。

宗白华把这种空间意识称做“移远就近，由近知远”，认为它已成为中国宇宙观的特色。这是精审的论断，因为这种空间观照方式，起于观道、体道的哲人方式。照老子，道之自身既是“大曰逝，逝曰远，远曰反”（《老子》25章）；照《周易》，道之运行亦为“无往不复”④，所以观道之时，不能不取一种回旋往复的态度。纵向一维既有“俯仰往还”，横向一维遂必为“远近取与”。刘孝绰诗云：

日入江风静，安波似未流。

暮烟生远路，夕鸟赴前洲。

——《夕逗繁昌浦》

何逊亦有诗：

野岸平沙合，连山远雾浮。

客心悲不已，江上望归舟。

---

① 《中国诗画中所表现的空间意识》，《宗白华全集》第2卷，第433页。

② 《宗白华全集》第2卷，第439页。

③ 《宗白华全集》第2卷，第440页。

④ 《泰卦·象传》：“无往不复，天地际也。”

——《慈姥矶》

陈倩父评曰:"一近一远,便是思乡之情。"诗人的目光流盼于远近之间,绸缪难已而感绪丛生,山水景物,于是而虚灵化,情致化。

这一"远近观",在诗篇中还有一种突出的表现,即"饮吸无穷空间于自我,网罗山川大地于门户"。①

抗北顶以葺馆,瞰南峰以启轩。
罗曾崖于户里,列镜澜于窗前。
因丹霞以赪楣,附翠云以碧椽。

——谢灵运:《山居赋》

青溪千余仞,中有一道士。
云生梁栋间,风出窗户里。

——郭璞:《游仙诗》

结构何迢遰,旷望极高深。
窗中列远岫,庭际俯乔林。

——谢朓:《郡内高斋闲坐》

诗中的建筑,都依山傍水,因势而立,得山川之胜,而建筑自身窗牖四达,和大自然息息相通,这种建筑原则本身,就体现着与大自然亲和的精神。杜甫诗云:"山河扶绣户,日月近雕梁。"山河日月,无穷宇宙,于建筑的主人何其依恋,何其有情!这份情缘,在唐诗中描绘得更见精彩:

画栋朝飞南浦云,珠帘暮卷西山雨。

——王勃:《滕王阁诗》

隔窗云雾生衣上,卷幔山泉入镜中。

——王维:《敕借岐王九成宫避暑应教》

窗临汴河水,门渡楚人船。

——王维:《千塔主人》

户外一峰秀,阶前众壑深。

——孟浩然:《题义公禅房》

檐飞宛溪水,窗落敬亭云。

① 《宗白华全集》第2卷,第430页。

——李白:《过崔八丈水亭》

窗含西岭千秋雪,门泊东吴万里船。

——杜甫:《绝句四首》其三

园林艺术中亭台楼榭的设置,也都着意于笼罩远近,俾使观赏者仰观俯察之际,尽得全景。明人计成《园冶》有云:"轩楹高爽,窗户邻虚,纳千顷之汪洋,收四时之烂漫。"山水画轴常于构图关键处置一空亭,虽杳无人迹,但此亭吐纳云气,与周围远近诸景紧相呼应,使人在想象中如置身此亭,通望周博,一畅远情:

惟有此亭无一物,坐观万景得天全。

——苏轼:《涵虚亭》

石滑岩前雨,泉香树杪风,
江山无限景,都聚一亭中。

——张宣:《题倪画》

四山苍翠合,一亭贮空虚。

——李日华:《题画》

群山郁苍,群木荟蔚,
空亭翼然,吐纳云气。

——戴熙:《题画》

区区小亭,何以能聚万景?还是因为观览者的视线是流动往复的,高低上下,远近前后,"采取数层观点以构成节奏化的空间"①,因而中国山水画便有了"三远"之说。郭熙主张:"山有三远:自山下而仰山巅,谓之高远;自山前而窥山后,谓之深远;自近山而望远山,谓之平远。"这"三远",可以是山水画构图处理远近的三种风格,但也可以见之同一画面。如宗白华所解释,是"对于同此一片山景'仰山巅,窥山后,望远山',我们的视线是流动的,转折的。由高转深,由深转近,再横向平远,成了一个节奏化的行动"。宗先生认为,郭熙最值得称道的地方是对"三远"同等看待,不论高远、深远还是平远,他都"用俯仰往返的视线,抚摩之,眷恋之,一视同仁,处处流连。这与西洋透视法从一固定角度把握'一远',大相径庭。而正是宗炳所说的'目所绸缪,身所盘桓'

① 《中国诗画中表现的空间意识》,《宗白华全集》第2卷,第434页。

的境界”。①

然而,“三远”的任何一远,终将和“近”相呼应,“移远就近,由近知远”。因而,中国山水画的远空中必有数峰蕴藉,点缀空际,或以归鸦掩映斜阳,使我们远望的目光,能由远返近,复归自我。宗先生特意从清人周亮工《读画录》拈出庄澹庵的题画诗,以为最能道出中国诗画所表现的空间意识。

性僻羞为设色工,聊将枯木写寒空。
洒然落落成三径,不断青青聚一丛。
人意萧条看欲雪,道心寂历悟生风。
低徊留得无边在,又见归鸦夕照中。

宗先生评点道:“中国人不是向无边空间作无限制的追求,而是‘留得无边在’,低徊之,玩味之,点化成了音乐。于是夕照中要有归鸦。”②这种艺术空间是超然的、空灵的、洒落的,但它内部充满了宇宙的生命感、节奏感,而且通过特定的透视方法和构图技巧,由远而近,让这种生命感节奏感返归人的自我深心,因而又是充实的。中国山水诗画在宁静、寂寞的外表下,涌动着深层的生命力。它能帮助人们从大自然中汲取精神力量,陶冶胸次,健全人格,原因就在于此。

---

① 《中国诗画中表现的空间意识》,《宗白华全集》第2卷,第435页。
② 《宗白华全集》第2卷,第444页。

第七章　艺境创构论(之三)

——化实景为虚境,创形象为象征

“空灵和充实是艺术精神的两元。”①

艺境的创构过程,通贯着一条重要的审美原则:虚实相生。艺术家以宇宙人生的具体为对象,从“静观寂照”开始,即将客观景物情意化,虚灵化;而一旦将静照所得,“求返于自己深心的心灵节奏,以体合宇宙内部的生命节奏”,景物则更进一步成为不可言说的宇宙意识、宇宙情调的象征。一个由灵想所独辟、“总非人间所有”的崭新灵境,便灿然呈露于艺术家心目之前。

从 20 世纪 30 年代着手艺境探讨时起,宗先生就把既讲究空灵又极度写实,视为中国艺术精神的基本特点:中国艺术“最超越自然而又最切近自然,是世界最心灵化的艺术(德国艺术学者 O. Fischer 的批评),而同时是自然的本身”②。直到晚年,宗先生依然将“虚实相生”的原则看做“中国美学思想中的核心问题”③,不倦地加以探讨。这一原则的形上学依据是什么,它在艺境创构过程中如何体现,对这些问题的解答构成宗白华美学思想中又一突出的亮点。

---

① 《论文艺的空灵与充实》,《宗白华全集》第 2 卷,第 348 页。

② 《介绍两本关于中国画学的书并论中国的绘画》,《宗白华全集》第 2 卷,第 46 页。

③ 《中国美学史中重要问题的初步探索》,《宗白华全集》第 3 卷,第 455 页。

第一节　“虚实相生”与有无之辨

“虚和实的问题,这是一个哲学宇宙观的问题。”①

孔子罕言性与天道(《论语·公冶长》:“夫子之文章可得而闻也,夫子之言性与天道不可得而闻也。”),但不等于说孔子没有他的天道观。“天何言哉?四时行焉,百物生焉,天何言哉?”(《论语·阳货》)这个“天”诚然是非人格的自然之天。然而,这自然之天又昭示着令人敬畏的“天命”。孔子论天命,有矛盾着的两方面特征。一方面,它是人意无法违逆、不可抗拒的必然性,所谓“获罪于天,无所祷也”(《论语·八佾》),这颇类老子的自然之道,所以郭沫若认为“老子和孔子在根本上都是泛神论者”②,不为无据;但另一方面,天命又是人们通过道德修养可以仿效、把握,可以遵循的法则,“五十而知天命”(《论语·为政》),“下学而上达,知我者其天乎!”(《论语·宪问》)在道德的最终进境,人可知天,天亦知人。至于圣人人格,所以能成其“大”,也是因为能效法于天(《论语·泰伯》:“唯天为大,唯尧则之”),进而入于天人合一的超道德境界。由此,孔子引出他的道德主义,成为他全部仁学的形上学依据。

孔子自述其道德修养的进程的那段名言,在历代士人中可以说是尽人皆知:“吾十有五而志于学,三十而立,四十而不惑,五十而知天命,六十而耳顺,七十而从心所欲,不逾矩。”(《论语·为政》)这是孔子一生“下学上达”的写照,“下学,学人事,上达,达天命”(皇侃:《论语义疏》),从切身的一言一行做起,由“实”事入“虚”境,最终进达于自心与天命的完全统一,进达于高度自由的道德境界,也可以说是超道德境界。

“孟子道性善,言必称尧舜”,承接和发挥了孔子的人格修养理论。他认为人人都有为善的潜质,都有修养成高尚人格的巨大可能:“舜,何人也?予,何人也?有为者亦若是。”(《孟子·滕文公上》)而人格培养的关键,全在于道德自觉。一个人如果自觉意识到人生的崇高使命,“志于道”,“志于义”,志于

① 《中国美学史中重要问题的初步探索》,《宗白华全集》第3卷,第455页。

② 《先秦天道观的进展》,《青铜时代》,人民出版社1954年版,第46页。

"一",他便会坚持不懈地在内心培养起至大至刚、与道义相比配的伟大精神力量,用孟子的话来说,就叫做"善养吾浩然之气"(《孟子·公孙丑上》),他所崇尚的理想,是成为卓立于天地之间的君子,"上下与天地同流"(《孟子·尽心上》)。

孟子把人格修养看成逐级递升的过程,有善、信、美、大、圣、神不同等级:"可欲之谓善,有诸己之谓信,充实之谓美,充实而有光辉之谓大,大而化之之谓圣,圣而不可知之之谓神。"(《孟子·尽心下》)善、信、美,都偏于"实",都是实际人事中的伦理表现,"充实而有光辉"以上的三个等级,便是"从实到虚,发展到神秘的意境","圣而不可知之,就是虚:只能体会,只能欣赏,不能解说,不能摹仿,谓之神"①。

孔孟都主张积极入世,从"实"出发。然而他们并不停留于"实",而是力求由实入虚,上达天人合一的超道德的形而上境界,即宗白华所说的"天地境界"。

老庄有系统的宇宙论,也有自己的天地境界。他们讨论问题,是从"虚"出发,由空虚见到宇宙的"道",引申出人生的"道"。老子说:"天地之间,其犹橐籥乎?虚而不屈,动而愈出。"(《老子》第5章)宗白华释之曰:"'虚而不屈',不拙,不竭也。'动而愈出',生生无穷。此虚,非真无有,乃万有之根源。"②庄子则"以空虚不毁万物为实"(《庄子·天地》),照宗白华的读解,"就是拿万物在它里面活动而无损于它也无损于物的空间作为世界的实体"③。所以,老庄的"虚空",是生成万物、养育万物生命的真源。究其实,这"虚空"之中乃流荡着勃郁的生命元气,它虚而不竭,动而远出,贯彻中边,无远弗届。"有生于无,实出于虚"④,于是成为一切事物构成的原理。人若求把握宇宙的"大全",体道悟道,就需对现实世界的是非、荣辱、大小、寿夭,遣之又遣,以至于无;而自我则返回到初始的本性,便可全身心投入大化,入于"天地与我并生,而万物与我为一"的境界,毋庸置疑,这也是超道德的天地境界。

---

① 《宗白华全集》第3卷,第455页。

② 《中国美学思想专题研究笔记》,《宗白华全集》第3卷,第508页。

③ 《道家与古代时空意识》,《宗白华全集》第3卷,第281页。

④ 刘文典:《淮南鸿烈集解》,中华书局1989年版,第29页。

战国初期《易传》的诞生①,标志着先秦儒道两家道论的最初综合。由《易传》的核心观念——阴阳互动之道,以及由乾、坤两元,一统天,一顺天,滋生万物以成此一世界,构成完整的宇宙论。这个宇宙论框架,若非借助老学的自然之道,无由确立。②《易传·系辞》将道与器作"形上"、"形下"两分,实即作虚实两分。道之变化本身,"阴阳莫测",是虚,它不可言喻,不可端倪,所以说"神无方而易无体"。但其变化结果却是实,可以通过有形事物即器呈现出来。事物变化的几微之兆,见而为象,由象可以观道。这个"观",亦如道家的玄鉴,都需诉之于感悟。因此,《系辞》强调:"易无思也,无为也,寂然不动,感而遂通天下之故。"这种感悟,便是即实入虚的功夫。

王弼引老入易,更试图将《周易》老学化,建立起玄学的本无论:"道者,无之称也,无不通也,无不由也。况之曰道,寂然无体,不可为象。"③道无名无体,而又遍及万物,无所不至,更是万物产生的最终根由。这个"虚无"的本体,究其实,仍是老庄那"惟恍惟惚","唯道集虚"的生命之气。因此,王弼在论"大衍之数"时,又发挥出有无相因之理:"夫无不可以无明,必因于有,故常于有物之极,而必明其所由之宗也。"④无可因有而明,由物之终极根源,可推及其所由之宗——无。这就包含着"自有悟无"的方法论。后来王弼的受业门人韩康伯⑤注《系辞》"一阴一阳之谓道"时,果然综合乃师两说而予以发挥:

> 道者何?无之称也,无不通也,无不由也,况之曰道。寂然无体,不可为象。必有之用极,而无之功显,故至乎"神无方而易无体",而道可见矣。⑥

"有之用极,而无之功显",诚然是王弼"于有物之极","明其所由之宗"的转

---

① 关于《易传》成书时间、本书倾向于李学勤先生的一种判断,即《易传》的基本内容和结构在子思的时代已经有了,见其《〈易传〉与〈子思子〉》,《中国文化》创刊号,1989年。

② 关于《易传》借助道家学说以实现哲学化,汪裕雄《意象探源》中编二章有详述,请参看。

③ 《论语释疑》,《王弼集校释》,中华书局1980年版,第624页。

④ 《系辞》韩康伯注引,见《十三经注疏(标点本)·周易正义》,北京大学出版社1999年版,第279页。

⑤ 《周易正义》孔疏:"韩氏亲受业于王弼,承王弼之旨"《十三经注疏(标点本)·周易正义》,第280页。

⑥ 《周易正义》孔疏:"韩氏亲受业于王弼,承王弼之旨",第268页。

述。万物的生成变转,体现着道(无——无形无名的生命之气)的功能,道之本体虽不可察知,但从万物生成变转可推知道的功能(无之功显),依然可以见道。王弼的思想经过两晋玄风的播扬,广为士人接纳,特别是玄学论辩中有关言意之辨、形神之辨、象内象外之辨,都将人们对虚实关系的认识,推到更深入、更精致的地步。一个普遍的结论是:"有始于无"、实生于虚;但又可以自有悟无、由实求虚。所以陆机《文赋》才会说:"课虚无以责有,叩寂寞而求音",孙绰才有"即有得玄"之说①,支遁才有"即色游玄"之论。② 自魏晋以降,中国人便喜欢"用太空、太虚、无、混茫,来暗示或象征这形而上的道,这永恒创化着的原理……这'道'就是实中之虚,即实即虚的境界"③。

魏晋玄学的理论功绩之一,是把有与无、虚与实统一起来。人们既从无中观有,又从有中悟无,这个有无统一的有,是无限中的有限和有限中的无限。按德国古典美学,特别是谢林的主张,美是由有限见出无限。宗白华也认为:"以虚运实,化实为虚以成美。"④所以毫不奇怪,晋人能"以玄对山水",欣赏自然风光,能"由实入虚,即实即虚,超入玄境"⑤;能于人的一言一动之中,发现其风姿韵度之美,或"萧萧如松下风",或"濯濯如春月柳";而郭璞两句看似平常的四言诗,("林无静树,川无停流"),竟能引发阮孚的宇宙豪情,被称为"泓峥萧瑟,实不可言。每读此文,辄觉神超形越。"(《世说·文学》)……说晋人发现了山水的美、人格的美,也等于说晋人发现了虚实相生的审美原则。

第二节　虚实相生:化景物为情思

艺境的创构,所诞生的是一"有情有相的小宇宙"。它"有情",寄寓着艺术家对宇宙人生的深情;它"有相",是天地实相经由艺术家的"魔杖"点化而成的艺术虚相。

---

① 《游天台山赋》:"悟遣有之不尽,觉涉无之有间,泯色空以合迹,忽即有而得玄。"《文选》卷十一。

② 支遁著有《即色游玄论》,今仅存客问而无主答。但其义可据相关文献推考,参见汤用彤:《汉魏南北朝佛教史》,北京大学出版社 1997 年版,第 179—186 页。

③ 《中国诗画中所表现的空间意识》,《宗白华全集》第 2 卷,第 442—443 页。

④ 《中国美学思想专题研究笔记》,《宗白华全集》第 3 卷,第 555 页。

⑤ 《论〈世说新语〉和晋人的美》,《宗白华全集》第 2 卷,第 271 页。

艺术家静观寂照，有如“空潭泻春，古镜照神”，“万象如在镜中，光明莹洁，而各得其所，呈现着它们各自的充实的、内在的、自由的生命，所谓‘万物静观皆自得’”①。万象被虚灵化、情意化，这是天地的实相点化为艺术虚相的第一步。

静照所得，还需“求返于自己深心的心灵节奏”，万象自由的生命，成为艺术家自我生命的同构形式；宇宙的生命情调，同艺术家自我生命情调渗化为一，此所谓“四时佳兴与人同”。这是天地的实相点化为艺术虚相的第二步。

中国美学将这第二步称之为“化景物为情思”。宋人范晞文《对床夜语》说：“不以虚为虚，而以实为虚，化景物为情思，从首至尾，自然如行云流水，此其难也。”宗白华从中引出关于艺境创造的一个重要原理：

> 化景物为情思，这是对艺术中虚实结合的正确定义。以虚为虚，就是完全的虚无；以实为实，景物就是死的，不能动人；唯有以实为虚，化实为虚，就有无穷的意味，幽远的境界。②

景物与情思，一为客观，一为主观；一为实，一为虚，两者之必然结合，可能结合，大源出于一“气”相感：“气之动物，物之感人，故摇荡性情，形诸舞咏。”(钟嵘：《诗品·序》)照中国古代的情性论，性静情动，性如水，情如波③，而情之发动，全赖外物感发，这便是著名的“感物动情”说④。然而，“感物”之“感”，不只是消极受动的“感受”，而且有“感通”之义，“感应”之义，有物与我之间的互动关系，其中包括着艺术家的联想和想象，有心与物之间的徘徊和宛转，往还和赠答。刘勰《文心雕龙·物色》写道：

> 春秋代序，阴阳惨舒；物色之动，心亦摇焉……岁有其物，物有其容；情以物迁，辞以情发。一叶且或迎意，虫声足以引心；况清风与明月同夜，白日与春林共朝哉！是以诗人感物，联类不穷；流连万象之际，沈吟视听之区；写气图貌，既随物以宛转；属采附声，亦与心而徘徊……赞曰：山沓

---

① 《论文艺的空灵与充实》，《宗白华全集》第2卷，第348页。

② 《中国美学史中重要问题的初步探索》，《宗白华全集》第3卷，第456页。

③ 梁·贺瑒：“性之与情，犹波之与水。静时是水，动则是波；静时是性，动则是情。”《礼记正义·中庸》孔颖达疏引。《十三经注疏(标点本)·礼记正义》，北京大学出版社1999年版，第1423页。

④ 《礼记·乐记》：“凡音之起，由人心生也。人心之动，物使之然也。感于物而动，故形于声。”

水匝，树杂云合。目既往还，心亦吐纳。春日迟迟，秋风飒飒；情往似赠，兴来如答。

宗白华十分欣赏“目既往还，心亦吐纳”，“情往似赠，兴来如答”这四句赞诗，多次引用来阐明审美中的心物互动关系。而清人王夫之从哲理高度剖析艺术中的情景、物我关系，更被宗先生誉为表出了中国艺术的“最后的理想和最高的成就”①。王夫之说：

天地之际，新故之迹，荣落之观，流止之几，欣厌之色，形于吾身以外者化也，生于吾身以内者心也；相值而相取，一俯一仰之间，几与为通，而勃然兴矣。

（《诗广传》卷二）

两间之固有者，自然之华，因流动生变而成绮丽。心目之所及，文情赴之，貌其本荣，如所存而显之，即以华奕照耀，动人无际矣。

（《古诗评选》卷五）

外物与我心，均秉宇宙生生之气，均具“新故之迹、荣落之观，流止之几，欣厌之色”，一旦物我遭遇，相取相与，则“心目之所及，文情赴之”，外物虽不改其貌，而因文情之渲染、渗化，愈益增其华奕。因此，“情”与“景”才在艺术家的直觉中契合无间。水乳交融：

情景虽有在心在物之分，而景生情，情生景，哀乐之触，荣悴之迎，互藏其宅。

（《薑斋诗话》卷一）

好一个“互藏其宅”！情与景一经在艺术表现中交融互渗，“一层比一层更深的情，同时也透入了最深的景，一层比一层更晶莹的景；景中全是情，情具象而为景。因而涌现了一个独特的宇宙，崭新的意象”②。诗人画家既能化实（景）为虚（情），也能抟虚（情）成实（景），唐诗宋画，莫不如此。

南朝齐人王俭有首《春诗》：“兰生已匝苑，萍开欲半池。轻风摇杂花，细雨乱丛枝。”王夫之评曰：

此种诗直不可以思路求佳，二十字如一片云，因日成彩，光不在内，亦

① 《宗白华全集》第2卷，第374页。

② 《中国艺术意境之诞生（增订稿）》，《宗白华全集》第2卷，第363页。

不在外,既无轮廓,亦无丝理,可以生无穷之情,而情了无寄。

(《古诗评选》卷三)

宗先生极肯认王夫之"云中日影"的妙喻,并借以论说中国画中之光,"是动荡着全幅画面的一种形而上的、非写实的宇宙灵气的流行,贯彻中边,往复上下……这种画面的构造是植根于中国心灵里葱茏细缊,蓬勃生发的宇宙意识"。①

宗白华充分尊重前人的见解,但他对情与景、心与物关系的理解,却有大大超越前人的地方,那就是他有自觉的生命本体论思想,并据此对前人所述,作了自己的诠释和发挥。

首先,宗先生将情景结合的必然依据,归之于宇宙生命与艺术家心灵在节奏上的一致性,交感性。本书前已述及,生命的节奏,在宗白华哲学中有着本体论意义。他那以时统空的宇宙论,尤其突出了加重了节奏的本体论意义。节奏,体现着生命的时间过程,它不属于外部直观经验形式而属于内在直观经验形式,需要诉之于内心体验。中国艺术家在仰观俯察、远近取与的静观寂照之际,感受所得,必然要"徇(按训"使")耳目内通而外于心知"(《庄子·人间世》语),必然要诉之内心节奏体验而"反观内视"。内心的节奏体验,即是情感,以及饱和着情感的内在体悟。所谓"反观内视",或曰"收视反听"(陆机《文赋》语),即由情感体验激活想象,由想象活动达到对某种宇宙人生意义的体悟。于此,外在感受和内在体验完全通贯为一。"登高能赋,可为大夫。"(《文心雕龙·诠赋》转述《诗·毛传》语)晋人潘岳《秋兴赋》云:"临川感流以叹逝兮,登山怀远而悼近。"时光如川流之逝而不返,诗人每逢登山临水,便会兴起宇宙苍茫,历史浩渺,人世沧桑之感,他们百端交集,成为典型的诗人感兴。于是陈子昂登幽州台会突兴历史无尽,天地悠悠,孑然独立于世的绝大悲情;而唐宋以来诗篇之中,便多见访胜怀古的动人之作。

依据情景结合的必然性,宗先生又强调了艺术想象的重要功能。艺术想象,借《文心雕龙》的提法,是为"神与物游"的"神思";借晋代大画家顾恺之的语言,叫做"迁想妙得"。中国诗画都追求形似与神似的统一。而诗画欲求表达对象的内在神情,"就要靠内心的体会,把自己的想象迁入对象形象内部

---

① 《中国艺术意境之诞生(增订稿)》,《宗白华全集》第2卷,第375页。

去,这就叫'迁想';经过一番曲折之后,把握了对象的真正神情,是为'妙得'"①。艺术想象,推动艺术家入于"梦"和"醉"的境界。宗先生主张"诗人善醒",但"更要能醉,能梦","由梦由醉诗人方能暂脱世俗、超俗凡近,深深地坠入这世界人生的一层变化迷离,奥妙倘恍的境地。"②欧阳修有首《梦中作》:

> 夜凉吹笛千山月,路暗迷人百种花。棋罢不知人换世,酒阑无奈客思家。

宗先生视此为"能梦能醉"的范作之一。他品评说,此诗似联贯又不联贯:

> 联贯之者,乃一种情调,即"客思家"之情调,吹笛,迷花,下棋,饮酒,皆欲排遣"乡思",而益增乡思之感。种种美景,皆反映出"无奈"的思家之情。种种景物,因浮荡在此情中,故如在梦中醉中(亦如"风行水上,涣。"风=情,气),虚灵动荡,情景迷离惝恍。景愈转愈微妙,情愈转愈沉郁。四句是四个不同之景……但同一情调把它联合,统一于一个诗境里。表出一个情调,而此情调乃叠成多层的意象。③

想象过程,是以情感为动力,意象生生不穷,感悟愈转愈深的过程。共同的情绪调质,把众多意象凝聚为一多层次、有结构的有机体系,成为艺术构思的关键环节。

宗先生还将虚与实,情与景的关系,从形而上层面,经过心理经验,一直下落到艺术传达的技巧技法。宗先生讲技巧技法,有个醒目的特点,就是不发枝节之论,而将其视为一个有着独特文化底蕴的系统,力求找出这个系统的基本法则。这个基本法则便是"虚实相生"。

宗白华对中国艺术技巧技法系统的分析,有两个向度,一是哲学的向度,二是历史的向度,前者偏虚,后者偏实,也可以说是虚实结合。

从哲学上说,宗白华将作为艺术手法的虚实相生原则,追踪到《周易》,其范型即是"虚中有实"的离卦之象☲。他认为,此一卦象义为"明两作,离(丽)",实乃"中国美丽观之元素"。这个判断与《易传》正相吻合。《彖传》

① 《中国美学史中重要问题的初步探索》,《宗白华全集》第3卷,第456页。

② 《略论文艺与象征》,《宗白华全集》第2卷,第410页。

③ 《中国美学思想专题研究笔记》,《宗白华全集》第3卷,第562页。

云:“离,丽也。日月丽乎天,百谷草木丽乎土,重明以丽乎正,乃化成天下。”《象传》则云:“明两作,离。大人以继明照于四方。”宗先生注解道:“因离而生明,透光。现出美丽来。重明,上下,镂空透明也,二重之明(明两作)。以丽乎正者:有节奏,有规律。离中虚,故明,故附丽(原注:《雕龙》‘文章昭晰以象离’)。”他将《象传》的“丽乎正”释为“美须有歪曲,有夸张,有变形。王羲之似欹反正”,求得不均衡中的均衡之美。更将“化成天下”释作“刚中有柔,有重明,有美,有丽,以美化天下”。至于《象传》的“继明照于四方”,则释为日月继续其明,久为临照,“取不绝之义也”。从离卦卦象之义出发,宗先生从“离”之一字的十个义项中①,拔出对立两义:“相离又相并,既离且合。”②此即虚与实统一,而“一切雕镂之美由此生”。非但雕镂如此,中国建筑园林、绘画都本着离卦精神,“打破了统一的唯一的几何空间,为无数空间而又隔而不隔,有离有合,有隔有通。绵延不断,如离卦之是‘明两作,离’”。③

从历史上说,宗先生追踪到远古以来的工艺制作技术。远古的网罟编织、彩陶纹饰、玉器雕琢,就有了虚实结合的雏形;殷商的甲骨契刻、两周的彝器镌刻,乃至汉代以来的刻砖、刻石,更将“以线示体”的技巧推向炉火纯青的胜境。庄子将作为造物者的道,尊为雕刻万物的伟大艺术家④,可见这种雕镂技术在历史上之深入人心。

线条营造而就的空间,是分隔而又连续的空间,流动着的空间,其中融入了时间因素,即时间化、有节奏的空间。大而至于建筑,小而至于印章,其空间处理,均通过一定的线条求得虚实相生,所呈现的是飞舞生动的气韵。每一门类艺术,都就此出发,形成特定的技巧技法规范,书法、治印的“计白当黑”;绘画中以线(含皴与点)取形取神,诗文中化景物为情思,以至于戏曲的“布景全在演员身上”……莫不如此。由虚实相生“展示出来的虚灵的空间,是构成中国绘画、书法、戏剧、建筑里的空间感和空间表现的共同特征,而造成中国艺术

① “离”有十义,谓:1. 鸟名(鹂);2. 分散;3. 判也,析也;4. 丽也;5. 两人相并;6. 陈也;7. 罹也;8. 遭也;9. 引也,明也;10. 卦名,位于南方。

② 《宗白华全集》第3卷,第512页。

③ 《中国美学思想专题研究笔记》,《宗白华全集》第3卷,第511—512、524页。

④ 《庄子·大宗师》:(道——造物者)“泽及万世而不为仁,长于上古而不为老,覆载天地刻雕众形而不为巧。”

在世界上的特殊风格”①。诚哉斯言！

第三节　虚实相生：创形象为象征

“化景物为情思”的“情思”，有可感的情感情绪，还有超感性的玄意玄思。这后者，可思而不可知，能意会不能言传，属于“不可言说”的形上领域。

然而，这“不可言说”者，毕竟还要言说。言说之法，就是用这形而下者去意指那形而上者，这需求之于象征。象征，是“虚实相生”的最高层次。

中国传统文献中，未见“象征”一语。但“象征意指”的观念早就有了，那就是“易者，象也”的“象”。“象”本有“拟象”（摹拟）、“法象”（类比）等诸多涵义，但《周易》欲穷“天下之至赜”，也需仰仗于“象”，所谓“极天下之赜者存乎卦”，那么“象”在“摹拟”、“类比”之外，必有指涉不可言传、不可理喻的玄意玄思的象征功能。这一功能，经过王弼“本无”论的论证，规定为“触类可为其象，合义可为其征”。② 王弼还把用“象”去指称本体之“无”概括为：“无不可以无明，必因于有，故常于有物之极，而必明其所由之宗也。”③孔颖达《正义》曰：“虚无之体，处处皆虚，何可以无说之，明其虚无也？若欲明虚无之理，必因于有物之境，可以却（按训“使退”、“返回”）本虚无。”④照中国易学传统，以有物之境象虚无之理，这便是象征。

宗白华艺境创构的最后步骤，是以自我深心的节奏去体合宇宙生命的节奏。所谓“体合”，从主观方面说，是通过想象体悟那超感性、超逻辑的宇宙感；从艺术表现说，即以意象去象征那不可言说的玄思玄意。宗白华以为，象征正是使艺术描摹取得普遍价值的保证。

> 艺术的描摹，不是机械的摄影，乃系以象征方式，提示人生情景的普遍性。“一朵花中窥见天国，一粒沙中表象世界。”艺术家描写人生万物，

---

① 《中国艺术表现里的虚和实》，《宗白华全集》第3卷，第390页。

② 王弼：《周易略例·明象》，《王弼集校释》，中华书局1984年版，第609页。

③ 《周易·系辞》韩康伯注引王弼“大衍义”。《十三经注疏（标点本）·周易正义》，北京大学出版社1999年版，第279页。

④ 《周易·系辞》韩康伯注引王弼“大衍义”。《十三经注疏（标点本）·周易正义》，第280页。

都是这种象征式的……

古人说:“超以象外,得其环中。”借幻境以表现最深的真境,由幻以入真,这种“真”,不是普通的语言文字,也不是科学公式所能表达的真,这只是艺术的“象征力”所能启示的真实。①

人生的深境,需要象征手法才能表达出来。宗白华激赏清人叶燮《原诗》中的观点:“唯不可名言之理,不可施见之事,不可径达之情,则幽渺以为理,想象以为事,惝恍以为情,方为理至,事至,情至。”又说:“必有不可言之理,不可述之事,遇之于默会意象之表,而理与事无不灿然于前者也。”宗白华以为,此语已透彻说明文艺上象征境界的必要,而且透彻说明了象征的技术,“即‘幽渺以为理,想象以为事,惝恍以为情’,然后运用声词,词藻,色彩,巧妙地烘染出来,使人默会于意象之表,寄托深而境界美”②。

象征,也是德国浪漫派诗人美学家特别钟爱的艺术表现方式。在他们看,艺术的“小宇宙”象征着自然这“大宇宙”,有限象征着无限。美既是有限见出无限,象征便是美的创造的必由之路。到20世纪初期,随着生命本体论哲学的建立,生命美学更将象征的最终指向,定位为对无限的、永恒的生命(生活)价值意义的反思。无论狄尔泰,还是奥伊肯,无论斯宾格勒,还是西美尔,都把歌德《浮士德》结尾处的两句诗奉为圭臬:

一切生灭者,
皆是一象征。

这两句诗,也受到宗白华的特别关注,被称许为体现了“《浮士德》全书最后的智慧”,并对之作出如下解说:

有限里就含着无尽,每一段生活里潜伏着生命的整个与永久。每一刹那都须消逝,每一刹那即是无尽,即是永久……在这些如梦如幻流变无常的象征背后潜伏着生命与宇宙永久深沉的意义。③

这个解说无疑代表着宗先生生命哲学的立场。如果同狄尔泰的相关观点对照起来看,这一点更其明显。狄尔泰主张,诗“以生命为出发点,与人、物、自然的关系由于人的体验而成为诗的创作的内在核心……所有这样的体验的主要

① 《略谈艺术的“价值结构”》,《宗白华全集》第2卷,第71—71页。
② 《略论文艺与象征》,《宗白华全集》第2卷,第412页。
③ 《歌德之人生启示》,《宗白华全集》第2卷,第14页。

内容是诗人对生命意义的反思”。而生命意义的反思,则是通过象征的途径实现的:“一次偶然的事件成为一种象征,它并不象征着某一特定的观念,而象征着生活中被探索到的复杂性——是诗人根据自己的生活体验而得到的。”①在生命美学看来。象征已远不是一种艺术技巧、艺术手法,或修辞手段,而是观察、体验生活,反思人生价值意义的重要途径。

这样看来,象征,在很大程度上能与中国传统美学精神相接相通。以气论为基础的道论,也是生命本体论,它囊括天、地、人,派生出万物(器)。艺术由具象出发,经由意象而引人悟道,入于天地境界,是天人的合一,是宇宙永恒意义和人生永恒意义的合一。由艺观道即是由器观道,包含着“比”(比拟、类比、比喻),重包含着“兴”(“象征”与之相近)②。魏晋玄学的“即有悟无”、“即有得玄”、“即色游玄”之论,从艺术创造角度看,便是一种象征论。梁宗岱先生曾参照中西,指出象征有两个特性:一是情与景、意与象底融洽无间;二是含蓄或无限,它暗示给我们的意义和兴味丰富而隽永。③ 他对象征作了极富诗意的解释:

> 所谓象征是藉有形寓无形,藉有限表无限,藉刹那抓住永恒,使我们只在梦中或出神底瞬间瞥见的遥遥的宇宙变成近在咫尺的现实世界,正如一个蓓蕾蓄着炫熳芳菲的春信,一张落叶预奏那弥天漫地的秋声一样。所以,它所赋形的,蕴藏的,不是兴味索然的抽象观念,而是丰富,复杂,深邃,真实的灵境。④

梁先生对“象征”的解释,既符合西方近代浪漫主义(含象征主义)诗学精神,也和中国传统诗学旨趣相吻合。对于注重意境追求、讲究含蓄之美的中国诗学来说,那简直就是对它的艺术理想的现代表述。

这个表述,与宗先生相关见解大体一致,因前文屡已述及,毋庸重复。只是梁宗之间,因所受西方影响渊源有别,大同之中仍存小异。梁氏阐明的主要

---

① 狄尔泰:《各种世界观在诗中的地位》,《现代性中的审美精神》,学林出版社 1997 年版,第 274—275 页。

② 梁宗岱《象征主义》一文说:“我以为它(按指‘象征’)和《诗经》里的‘兴’颇近似。”并认为《文心雕龙》论“兴”为“依微拟义”,颇能道出“象征底微妙”。《梁宗岱批评文集》,珠海出版社 1998 年版,第 54 页。

③ 梁宗岱:《象征主义》,《梁宗岱批评文集》,珠海出版社 1998 年版,第 57—58 页。

④ 梁宗岱:《象征主义》,《梁宗岱批评文集》,第 58 页。

是以瓦莱里为代表的法国象征派的理论,而宗白华则深受德国生命哲学熏染。“生命”(Lenben)一词,在德语兼有“生活”之义,所谓生命本体论,着重强调的是个我生活本体论。生命美学所追求的人生价值意义,也是以个体为本位,从个体生存出发,去叩问人生的永恒意义。艺术象征的意义所指,归结于此。宗白华强调,魏晋个体人格价值的发现标志着历史一大转折,艺境创构须完成于“最高灵境的启示”,所启示的也是人生的价值和意义。这一观点,与20世纪存在主义思潮有着内在关联。1941年,在宗先生主持的《时事新报·学灯》(重庆版),曾刊发介绍存在主义奠基人基尔凯郭尔(Siren Kierkegard,1813—1855)学说的文章,宗先生为之撰有编后语,指出“人类社会的天然趋向是汩没‘自我’于大我之中,其效果为社会全体之高度机械化,个性人格之雷同化、单纯化。十九、二十世纪西洋社会的趋向,尤具此特征。这是近代西洋文明里的一个严重问题”。基氏曾“为此惊惧,欲从‘怀疑’,‘警惕’中重新发见自我之意义与价值”。宗先生就此提示说:

> “认识你自己”,这话悬于一切真正哲学史的开端,也是一切人生思想的终极目的。①

“认识你自己”,是古希腊德斐尔阿波罗神庙的神喻,更是20世纪德国哲学的主题。从这个主题去反观宗先生的艺境论、艺境创构论和象征论,我们便不难发现,其中洋溢着的,正是浓烈的生命哲学精神,也是浓烈的现代哲学精神。

① 《宗白华全集》第2卷,第295页。

第八章　艺境与人格建构

宗白华的艺境美学，始终关注艺术的文化价值和人生价值。他把艺术放在文化的大背景下，考察其地位和意义，最终将艺术意境的阐发指向理想人格的建构。从文化批判到艺境求索，再从艺境求索到人格建构，宗白华美学研究层层推进，其思路清晰可辨。现在，我们仅从人格建构的层面，对宗白华的生命美学思想略作梳理。

第一节　人格建构：文化与艺术

对于宗白华，文化问题、艺术问题、人生问题，实际上是密不可分的。研究艺术时，他将艺术与文化、人生联系起来；探讨人生时，他也将人生与文化、艺术联系起来。这种将人格与文化，人生与艺术并列的思路，可以追溯到宗白华"少年中国学会"时期的探索与思考。

1. 新人格与新文化

宗白华早年致力于创造"少年中国"的构想。他认为创造"少年中国"，不是用武力去创造，也不是从政治上去创造，而是从下面做起，用教育同实业去创造，"建立各种学校，从事教育，用最良的教授方法，造成一班身体、知识、感情、意志皆完全发展的人格，以后再发展各种社会事业……”①宗白华认为健全的人格是中国青年奋斗的基础,而“少年中国乃具健全人格之男女国民所共同组合而成者也”。②

在《中国青年的奋斗生活和创造生活》一文中,宗白华更为明确地指出,要创造新人格与新文化,才能有新生活与新社会。他将“对于小己人格的创造”与“对于中国新文化的创造”相并立,认为是中国现在青年的两种创造的事业。根据德国生命哲学的观点,生命形式表现在个体方面便是人格,表现在民族方面便是文化。宗白华将个体人格的建构与民族文化的建设予以平行考虑,认为没有中国少年的新人格,就没有“少年中国”的新文化,显然是受其影响。

宗白华早期的人格理论,有着德国思想的背景,还不仅限于此。他对人格的界说,就是引用了维斯巴登(Wicsbaden)的定义:“人格也者,乃一精神之个体,其一切天赋之本能,对社会处于自由的地位。”宗白华认为人格就是我们人类小己一切天赋本能的总汇体,所谓健全的人格,即一切天赋本能皆可完满发展之人格。怎样发展健全的人格呢?宗白华说:“我们对于小己的智慧要日进于深广,对于感觉要日进于优美,对于意志要日进于宏毅,对于体魄要日进于坚强,每日间总要自强不息……我们每天的生活就是对于小己人格有所创造的生活,或是研究学理以增长见解,或是流连美术以陶冶性情,或是经历困厄以磨炼意志,或是劳动工作以强健体力。”③这种知识、情感、意志加上身体的分类,正是来自康德、席勒等人的人格理论。在康德那里,知、情、意是三大先天的心灵能力。席勒认为教育培养人格,也即关注人的身体和心灵,于是,“有促进健康的教育,有促进认知的教育,有促进道德的教育,还有促进鉴赏力和美的教育”④。这也就是我们今天常说的体育、智育、德育和美育。

宗白华关于人格“对社会处于自由地位”的观念,也是来自德国古典美学培育自由意志,建构自由人格的思想。康德说:“人只有不考虑享受、不管自然界强加给他什么而仍完全自由地行动,才能赋予自己的存在作为一个人格

① 《宗白华全集》第1卷,第36—37页。
② 《宗白华全集》第1卷,第83页。
③ 《宗白华全集》第1卷,第98页。
④ 席勒:《美育书简》,徐恒醇译,中国文联出版社1981年版,第108页。

的生存的绝对价值。”①席勒说:“人格必然有它自己的根据,因为不变的东西不能由变化中产生,这种对我们第一位的东西就是绝对的、以自身为基础的存在的观念,即自由。”②

德国古典美学认为,审美与艺术活动正是进达自由人格的津梁,这一点对宗白华也产生着深远的影响。宗白华认为自由健全的人格,可以通过艺术意境去涵养,也可以在大宇宙自然界中去创造,便是这一思想的发挥。

宗白华说:“我向来主张我们青年须向大宇宙自然界中创造我们高尚健全的人格。”③在《理想中少年中国之妇女》里,他又说:“故少年中国之女子当以大宇宙间自然境界为美感范围,造成博大深远之心襟,高尚优美之情致,然后女子人格乃能完满无憾。”④

这种在宇宙自然中涵养人格的思想,有德国美学的背景,但与中国传统的审美精神更为接近。事实上,宗白华的“新人格”中,也包含着对中国传统人格的发扬。他在提到“造成一班身体、知识、感情、意志皆完全发展的人格”的同时,也主张“发阐东方深闳幽远的思想,高尚超世的精神,造成伟大博爱的人格”。⑤

宗白华对待中西人格观的态度,与他对待中西文化的态度是相一致的。他认为:“我们现在对于中国精神文化的责任,就是一方面保存中国旧文化中不可磨灭的伟大庄严的精神,发挥而重光之,一方面吸取西方新文化的菁华,掺合融化,在这东西两种文化总汇基础之上建造一种更高尚更灿烂的新精神文化。”⑥宗白华新文化建设的主张如此,其新人格建构的主张也类乎此。

2. 艺术的人生观与艺术式的人生

在《少年中国》创刊号上,宗白华发表了一篇系统考察人生观的长文《说人生观》。他以宇宙观作为人生观的基础,描述了三种人生观及其包含的九

---

① 康德:《判断力批判》,转引自邓晓芒《冥河的摆渡者》,云南人民出版社 1997 年版,第 141 页。

② 席勒:《美育书简》,徐恒醇译,中国文联出版社 1981 年版,第 72 页。

③ 《宗白华全集》第 1 卷,第 99 页。

④ 《宗白华全集》第 1 卷,第 85 页。

⑤ 《宗白华全集》第 1 卷,第 38 页。

⑥ 《宗白华全集》第 1 卷,第 102 页。

种人生行为。可见其对人生观问题作过一番认真的研究。

宗白华正式提出自己的人生观,是在《青年烦闷的解救法》一文中。他主张用一种"唯美的眼光"作为青年烦闷的一种解救法。这里所谓"唯美的眼光",即"审美的眼光",也可称"艺术的眼光"。这种把"人生生活"当作一种"艺术"看待,使它优美、丰富、有条理、有意义的人生观,宗白华名之为"艺术的人生观"。

在《新人生观问题的我见》中,宗白华进一步解释说:"什么叫艺术的人生观?艺术人生观就是从艺术的观察上推察人生生活是什么,人生行为当怎样?"①宗白华认为,艺术创造的现象与生命创造的现象颇有相似的地方。艺术创造是艺术家将艺术冲动凭借物质对象表现出来,成就一个优美完备的合理想的艺术品;生命创造也仿佛一种有机的构造的生命原动力,贯注到物质中间,使之成为有系统、有组织、合理想的生物。生命的现象,好像一个艺术品的成功。我们可以从艺术创造的过程推想生命创造的过程。

这仍然是来自德国新康德主义和生命哲学的观念。艺术是生命形式最直接的体现,通过艺术可以认识生命形式。而生命形式的个体表现为人格,民族表现为文化,通过艺术也可以认识人格和文化。艺术在人生和文化上的地位与影响,大体如此。所以,宗白华又说,提倡"艺术的人生观","消极方面可以减少小己的烦闷和痛苦,而积极的方面,又可以替社会提倡艺术的教育和艺术的创造。艺术教育,可以高尚社会人民的人格。艺术品是人类高等精神文化的表示,这两种的贡献,也就不算小的了"。② 在宗白华这里,新人生观的确立与新人格的建构、新文化的建设是齐头并进的,而其间贯通的核心与主线便是艺术。

从思想渊源上看,宗白华的"艺术的人生观",接近于后来人生观论战中的玄学派。张君劢曾从奥伊肯(旧译倭铿)学哲学、又常往法国求教于柏格森。他的玄学派人生观与生命哲学关系密切。不过,张君劢只谈生命意志,不谈生命形式,也不谈艺术,与宗白华是有区别的。特别是他将人生观与科学对立起来,怕更是宗白华不能赞同的。在《新人生观问题的我见》中,宗白华曾

---

① 《宗白华全集》第1卷,第207页。
② 《宗白华全集》第1卷,第180页。

明确表示创造新人生观的途径有两条,一是科学的,一是艺术的。他要研究的正是这个"科学的人生观和艺术的人生观"的问题。

宗白华认为人生观讨论包含着两个问题:人生究竟是什么?人生究竟要怎样?这两个问题都可以从科学上去解答,即可以从科学的内容和方法上,得出一个正确的人生观,知道人生生活的内容与人生行为的标准。这是"新人生观"与非科学的"旧式的人生观"的不同。

但宗白华与科学派的实证论人生观也有区别。宗白华并非唯科学主义者。他说:"科学是研究客观对象的。他的方法是客观的方法……我们舍了客观的方法以外,还可以用主观自觉的方法来领悟人生生活的内容和作用。"①宗白华认为,我们可以用内省或反照的方法来观察领悟,还可以用一种比例对照(Analogies)的方法来推测人生内容是什么,人生标准当怎样。这种方法就是"艺术的人生观"。很显然,宗白华是要用艺术的人生观来弥补科学的人生观的不足,构成客观与主观、科学与艺术互补的新人生观总体格局。

宗白华自然清楚,艺术的人生观没有科学的严格的根据,由艺术创造的过程推想生命创造的过程,终不过是个推想罢了。但他认为,从这上面可以建立一种积极的人生态度,这就是把我们的人生生活,当作一个艺术品似的创造。"艺术创造的目的是一个优美高尚的艺术品,我们人生的目的是一个优美高尚的艺术品似的人生。"②宗白华认为,这种"艺术式的人生",也同一个艺术品一样,是很有价值的人生。

树立"艺术的人生观",创造"艺术式的人生",正好回答了"人生生活是什么"和"人生行为当怎样"这两个人生的最根本的问题。

宗白华的"艺术的人生观",不同于后来玄学派的人生观和科学派的人生观,又兼有两者的某种因素,在中国现代思想上应是独树一帜的。同时,他关于"艺术式的人生"的主张,也早于朱光潜关于"人生的艺术化"的主张,而两者都有深厚的学术背景与相当的理论价值。朱自清在《〈谈美〉序》中称,朱光潜由艺术走入人生,又将人生纳入艺术之中,所提出的"人生的艺术化",是

---

① 《宗白华全集》第1卷,第206页。

② 《宗白华全集》第1卷,第207—208页。

"自己最重要的理论"①。宗白华早在"少年中国学会"时期，就已经形成人生和艺术关系的独立见解了。

第二节　人格范型：歌德与晋人

朱光潜谈"人生的艺术化"时，心目中的理想人格是陶渊明；宗白华谈"艺术式的人生"时，心目中的人格范型则是先有歌德，后有晋人。

1. 歌德之人生启示

宗白华少年时代学习德文，很早就接触到歌德及其作品。在少年中国学会筹备会上，他还做过一次"歌德与浮士德"的演讲报告。他那时有一个人生口号："拿叔本华的眼睛看世界，拿歌德的精神做人。"

在《三叶集》通信中，我们可以看到宗白华与郭沫若、田汉三人相约将歌德介绍到中国来。宗白华还计划撰写《歌德的宇宙观与人生观》。这篇文章终因准备不足未能完成。直到1932年，为纪念歌德百年忌日，宗白华接连写了《歌德之人生启示》、《歌德的少年维特之烦恼》两文，并主编了代表当时中国歌德研究最高学术水平的纪念文集《歌德之认识》，再次在中国掀起了歌德热。

宗白华对歌德的研究，是他美学研究的一个闪亮点，也是中国歌德研究史上一段华彩乐章。台湾学者、诗人杨牧为洪范版宗白华文选《美学的散步》所作序文，标题即为《宗白华的美学与歌德》。文章认为，要认识宗白华，体会他的诗，了解他的美学，必须体会他的感受，了解他心目中的欧洲传统，尤其是歌德在那个传统中所代表的特殊地位。杨牧还称宗白华为"现代中国之歌德权威"，并说宗白华"强烈的歌德认同，不但在中国绝无仅有，比冯至和梁宗岱更彻底，即使在德意志日耳曼民族以外的欧洲人当中不易多见"②。

宗白华对歌德的阐释是多方面的，以下仅从人格范型的角度谈三点：

---

①　朱自清：《谈美·序》，转引自《朱光潜全集》第2卷，安徽教育出版社1996年版，第100页。

②　杨牧：《宗白华的美学与歌德》，转引自林同华《宗白华美学思想研究》，辽宁人民出版社1987年版，第99页。

(1)人格与作品

宗白华的歌德研究是由人生和人格问题切入的。《歌德之人生启示》中说:“荷马的长歌启示了希腊艺术文明幻美的人生与理想。但丁的神曲启示了中古基督教文化心灵的生活与信仰。莎士比亚的剧本表现了文艺复兴时人们的生活矛盾与权力意志。至于近代的,建筑于这三种文明精神之上而同时开展一个新时代。所谓近代人生,则由伟大的歌德,以他的人格,生活,作品表现出它的特殊意义与内在的问题。”①《歌德的少年维特之烦恼》中说:“《少年维特之烦恼》同《浮士德》一样,是歌德式的人生与人格内在的悲剧,它不是一部普通的恋爱小说……它启示着人生深一层的境界与意义。”②所以,宗白华的歌德研究,实际上是对歌德人生意义的探索。

宗白华认为可以从人格与作品两个方面探讨歌德的人生启示。于是《歌德之人生启示》一文分为两节,一节题为“歌德人格与生活之意义”,一节题为“歌德文艺作品中所表现的人生与人生问题”。

在歌德的人格与他的文艺作品之间,宗白华认为更为重要的,是人格,而不是作品。他在为张月超《歌德评传》所作的序中写道:“歌德与其他世界文豪不同的地方,就是他不只是在他文艺作品里表现了人生,尤其在他的人格与生活中启示了人性的丰富与伟大。所以人称他的生活比他的创作更为重要,更有意义。他的生活是他最美丽最巍峨的艺术。”③

那些称歌德的人生比他的诗有价值、歌德的生活比创作更重要的人中,有丹麦著名的文学批评家勃兰克斯(Georg Brands),他说歌德伟大的精神超越了他自己的文学,“他的生平创作虽然伟大,而他人格的意义尤为重要,由于他给予人类以生活的模范”④。这里的“生活的模范”就是我们所说的“人格范型”。还有两卷本德文《歌德传》的作者比学斯基(Bielschowsky)。宗白华曾翻译该书的导言部分。译文中有这样一段话:“谁人看见了这个无数彩色闪耀的光圈,环绕着歌德的全人格时,就会承认文艺的光芒只是这圈的一部分,而歌德的全人格大于诗人,他的生活比他诗还更美好。我们后辈中研究与

---

① 《宗白华全集》第2卷,第1页。

② 《宗白华全集》第2卷,第26—28页。

③ 《宗白华全集》第2卷,第42页。

④ 《宗白华全集》第2卷,第41页。

想象以期认识他的人格者,都会得着这个印象。”①这些话无疑是宗白华转述歌德人格比作品重要的观点的出处。

比学斯基接下来还写道:“我们觉得,他(歌德)的生活是一切创作中最富有意义,最动人,最可惊异景仰的作品。但不要错认这个生活是他有意计划创造的。他的诗歌已经都是他黑暗的潜意识的表现,他的生活更是如此。”②这种由艺术创造推想生活创造的思路,正是宗白华所谓“艺术的人生观”;而把歌德的生活看成作品,也正类似宗白华“艺术式的人生”的主张。由此也可说明,歌德完全可以成为宗白华理想中的人格范型。而宗白华的歌德研究,实际上正是他早年人生探索的延续。

(2)丰富与矛盾

宗白华说,探索歌德人格与生活之意义时,“第一个印象就是歌德生活全体的无穷丰富;第二个印象是他一生生活中一种奇异的谐和;第三个印象是许多不可思议的矛盾”③。

所谓丰富,从表现上看来,没有一个整个的歌德,而呈现无数歌德的图画;从人类全体讲,可谓歌德的人格生活极尽了人类的可能性。这就是说,歌德的人生是永恒变迁的。人类的生活本都是变迁的,但歌德每一次生活上的变迁就启示一次人生生活上的重大意义,而留下了伟大的成绩,为人生永久的象征。歌德的一生经历人生各式的形态,经历人生的各阶段。他经过少年诗人时期,中年政治家时期,老年思想家、科学家时期。就文学而言,他也是从最初罗珂珂式的纤巧,到少年维特的自然流露,再从漫游意大利之后古典风格的写实,到老年时浮士德第二部象征的描写。他的一生真是息息不停的追求前进,变化无穷。宗白华说他“尝遍人生的各境地,完成一个最人性的人格”。

宗白华还认为这种丰富性,也表现在歌德毕生的大作《浮士德》中。浮士德的人格是无尽的生活欲与无尽的知识欲。人生是个不能息肩的重负,是个不能驻足的前奔。这不停息的追求使永恒流变一跃而为人生最高贵的意义与价值。人生之得以解救,浮士德之得以升天,正赖这永恒的努力与追求。宗白

① 《宗白华全集》第4卷,第33页。
② 《宗白华全集》第4卷,第33页。
③ 《宗白华全集》第2卷,第3页。

华指出,欧洲近代人失去了希腊文化中人与宇宙的谐和,又失去了基督教对超越上帝虔诚的信仰。人类精神上获得了解放,得到了自由,但也就同时失所依傍,彷徨摸索,苦闷,追求,欲在生活本身的努力中寻得人生的意义与价值。歌德与其替身浮士德一生生活的丰富内容,就是尽量体验这近代人生特殊的精神意义。他还引斯宾格勒《西方文化之衰落》中称近代文化为浮士德文化一语作旁证。

由于人生的不尽追求与生活全体的无穷丰富,歌德的一生同时体现着许多不可思议的矛盾和一种奇异的谐和,或者说,许多不可思议的矛盾在他身上形成一种奇异的谐和。矛盾是其丰富性另一种极端的表现。宗白华说:"歌德启示给我们的人生是扩张与收缩,流动与形式,变化与定律,是情感的奔放与秩序的严整,是纵身大化中与宇宙同流,但也是反抗一切的阻碍压迫以自成一个独立的人格形式。他能忘怀自己,倾心于自然,于事业,于恋爱;但他又能主张自己,贯彻自己,逃开一切的包围。歌德心中这两个方面表现于他生平一切的作品中。"①

的确,歌德的一生不停地追求前进,却在多次紧要关头他总能逃走,退回他自己的中心,不失去自己。他的人格与作品以动为主体,又体现着和平宁静的要求。所以,宗白华说:"他表现了西方文明自强不息的精神,又同时具有东方乐天知命宁静致远的智慧。"②这就不仅仅把歌德看成欧洲近代人生的代表,而突出其具有人类普遍性即世界性的人格范型的意义。

(3)生命与形式

宗白华论及歌德人格和生活的丰富与矛盾时,指出其生命情绪是浸沉于理性精神之下层的永恒活跃的生命本体。生命与形式,流动与定律,向外的扩张与向内的收缩,这是人生的两极,是一切生活的原理,也是歌德所谓宇宙生命的一呼一吸。在这里,宗白华已涉及他的生命本体论,即主张赋生命以形式的生命美学。

宗白华认为,一部生命的历史就是生活形式的创造与破坏。生命在永恒的变化之中,形式也在永恒的变化之中。那么,如何从生活的无尽流动中获得

① 《宗白华全集》第2卷,第11页。

② 《宗白华全集》第2卷,第1—2页。

谐和的形式，又不让僵固的形式阻碍生命的发展，这既是人生哲学的主题，也是生命美学的主题。在宗白华看来，这一切生命现象中内在的矛盾，在歌德的生活里表现得最为深刻。他的一切大作品，也就是这个经历的供状。

通过分析歌德及其《浮士德》中人生问题的解决，宗白华进一步指出，形式是生活在流动进展中每一阶段的综合组织，他包含过去的一切，成一音乐的和谐。生活愈丰富，形式也愈重要。形式不但不阻碍生活，限制生活，乃是组织生活，集合生活的力量。宗白华说："人当完成人格的形式而不失生命的流动！生命是无尽的，形式也是无尽的，我们当从更丰富的生命去实现更高一层的生活形式。"①歌德的人格和生活，正是达到了这样一个人生的最高境界。西美尔（宗译息默尔）说："歌德的人生所以给我们以无穷兴奋与深沉的安慰的，就是他只是一个人，他只是极尽了人性，但却如此伟大，使我们对人类感到有希望，鼓励我们努力向前做一个人。"②歌德作为人格范型，其启示的作用与意义正是在此。

宗白华还分析了歌德的抒情诗，来说明赋生命以形式的艺术境界。宗白华认为，歌德的抒情诗是他生命的表白、自然地流露、灵魂的呼喊、苦闷的象征。但是，"在歌唱时他心里的冲突的情调，矛盾的意欲，都醇化而升入节奏，形式，组合成音乐的谐和。混乱浑沌的太空化为秩序井然的宇宙，迷途苦恼的人生获得清明的自觉"。③

宗白华指出，歌德以外的诗人的写诗，大概是这样：一个景物，一个境界，一种人事的经历，触动了诗人的心。诗人用文字、音调、节奏、形式，写出这景物在心情里所引起的涟漪。他们很能描绘出历历如画的境界，也能表现极其强烈动人的情感。但他们一面写景，一面抒情，往往情景成了对待。歌德在人类抒情诗上的特点，则是根本打破心与境的对待，取消歌咏者与被歌咏者中间的隔离。宗白华说，歌德的诗，"熔情入景，化景为情，融合不同的感官铸成新字以写难状之景，难摹之情……像宋元画中的山水"④。还说："歌德是个诗人，他的诗是给予他自己心灵的烦扰以和平宁静的。但他这位近代人生与宇

① 《宗白华全集》第2卷，第15页。
② 转引自《宗白华全集》第2卷，第2页。
③ 《宗白华全集》第2卷，第16页。
④ 《宗白华全集》第2卷，第18页。

宙动象的代表,虽在极端的静中仍潜示着何等的鸢飞鱼跃!……歌德生平最好的诗,都蕴含着这大宇宙潜在的音乐。”①

宗白华这些对歌德及其诗的概括,与他后来在《中国艺术意境之诞生》、《中国诗画中所表现的空间意识》等文中对艺术意境的描述完全相同。这样,歌德的人生启示,通过生命与形式的讨论,进入宗白华艺境美学的视域。杨牧在《宗白华的美学与歌德》中,将宗白华的美学与境界称为“歌德精神”,是很有眼光的。

2. 晋人的美

在抗日战争最艰苦的40年代初,宗白华撰写了《论〈世说新语〉和晋人的美》一文,激励国人,“从中国过去一个同样混乱、同样黑暗的时代中,了解人们如何追求光明,追寻美,以救济和建立他们的精神生活,化苦闷而为创造,培养壮阔的精神人格”②。该文发表不久,即被收入西南联大教材《语体文示范》,成为传颂一时的名篇。

鲁迅《魏晋风度及文章与药及酒之关系》从社会历史的背景考察魏晋人格与文学风格的形成,吴世昌《魏晋风流与私家花园》从魏晋人格考证私家花园的起源,宗白华《论〈世说新语〉和晋人的美》则是直接阐释和称颂魏晋的审美人格。在宗白华心目中,“晋人的美”正是中国古代人格与艺术交相辉映,两全其美的典范。作为一种人格范型,晋人可以激励今人在精神生活上发扬人格的真解放,真道德,启发创造的心灵,朴素的感情,建立深厚高阔、强健自由的生活。这其实是任何时代都需要提倡的。

宗白华的文章分别从八个部分阐释了晋人的审美人格,不久又写《清谈与析理》一则短文予以补充。以下我们概括为三个方面来谈。

(1)个性之美

宗白华认为魏晋是中国政治上最混乱、社会上最苦痛的时代,却又是精神上极自由、极解放、最富于智慧和热情的时代,也是最富有艺术精神的时代。此前的汉代,在艺术上过于质朴,在思想上定于儒教一尊;此后的唐代,在艺术

① 《宗白华全集》第2卷,第22—23页。

② 《宗白华全集》第2卷,第286页。

上过于成熟，在思想上又受儒、道、佛三教的支配。只有这几百年间是精神上的大解放，人格上、思想上的大自由。魏晋时代，一般知识分子多半超脱礼法观点直接欣赏人格个性之美，尊重个性价值。宗白华认为《世说新语》中《雅量》、《识鉴》、《品藻》、《容止》等篇，都是鉴赏和形容"人格个性之美"的，即所谓"人物品藻"。"桓温问殷浩曰：卿何如我？殷答曰：我与我周旋久，宁作我！这种"宁作我"的精神，宗白华说是自我价值的发现和肯定，并指出这在西洋是文艺复兴以来才有的事。

从人的美感谈到艺术精神，宗白华认为，晋人风神潇洒，不滞于物，这优美的、自由的心灵找到一种最适宜于表现它的艺术，这就是书法中的行草。"个性价值之发现，是'世说新语时代'的最大贡献，而晋人的书法是这个性主义的代表艺术。"①晋人的书法是晋人自由的审美人格最具体最适当的艺术表现。

在宗白华看来，这种个性的美表现在人格上则是一种审美的态度，也就是"美在神韵"。所谓"神韵"，宗白华说是"事外有远致"，是不沾滞于物的自由精神。这种事外有远致的力量，扩而大之使之超然于死生祸福之外，发挥出一种镇定的大无畏的精神。宗白华以谢安泛海的临危不乱，嵇康临刑的从容赴死，来印证这种勇敢、从容和美。

这种事外有远致的审美精神，也就是宗白华所谓"唯美的人生态度"，还表现于两点：一是把玩"现在"。在刹那的现量的生活里求极量的丰富和充实，不为将来或过去而放弃现在的价值的体味和创造；二则美的价值寄于过程的本身，不在于外在的目的，所谓"无所为而为"的态度。宗白华分别以王子猷种竹称"何可一日无此君"和访友"乘兴而来、兴尽而返"来说明这两点，并将这种截然寄兴趣于生活过程的本身价值，不拘于目的，超越现实的精神，称为"晋人唯美生活的典型"。

晋人审美人格的个性之美，实际上是对汉代俗儒钻营利禄、乡愿满天下的反动。宗白华认为孔子是中国礼法社会和道德体系的建设者，也是真正懂得这道德真义的人。汉代以来，舍本逐末，丧失了道德和礼法的精神真义，甚至假借名义以便其私，那就是孔子所说的乡愿。汉代乡愿支配着中国社会，成为

---

① 《宗白华全集》第2卷，第272页。

"社会栋梁"。孔子好像预感到这一点,极力赞美狂狷而排斥乡愿。晋人正是以狂狷来反抗乡愿社会。这狂狷就是一种解放的自由的个性人格,宗白华认为其中有"善恶之彼岸的超然的美和超然的道德"①。

(2)深情之美

晋人虽超然,却未能忘情。晋人艺术境界造诣之高,不仅是基于他们的意趣超越,深入玄境,尊重个性,生机活泼,更主要的还是他们的"一往情深"。

《清淡与析理》的一个脚注里,宗白华引了《三国志·钟会传》裴松之注中的一段话:"何晏以为圣人无喜怒哀乐,其论甚精,钟会等述之,弼与之不同,以为圣人茂于人者神明也,同于人者五情也。神明茂,故能体冲和以通无;五情同,故不能无哀乐以应物。然则圣人之情,应物而无累于物者也。今以其无累谓不复应物,失之多矣。"何晏主张圣人无情,是汉魏的流行看法,王弼主张圣人有情,实为立异。宗白华评道:"王弼此言极精,他是老、庄学派中富有积极精神的人。一个积极的文化价值与人生价值的境界可以由此建立。"②这实际上是说王弼开启了一个魏晋的新时代。

宗白华的好友汤用彤一年之后发表了《王弼圣人有情义释》,开篇即引了宗白华所引的同一段文字,只是出处为何邵《王弼传》。汤用彤指出,有情与无情之别则在应物与不应物。何王均言圣人无累,但何之无累因圣人纯乎天理而无情,即不应物;王之无累因圣人性其情,动不违理,即应物。何王同祖老氏,但何未脱汉代之宇宙论,末有本无分为二截,故动静亦遂对立;王主体用一如,故动非对静,而动不可废,圣人既应物而动,自不能无情。"平叔言圣人无情,废动言静,大乖体用一如之理,辅嗣所论天道人事以及性情契合一贯,自较平叔为精密。何邵《王弼传》曰:'其论道附会文辞不如何晏,自然有所拔得多晏也。'盖亦有所见之评判也。"③这是从另一个角度肯定了王弼在思想史上的创获。其论较宗白华精密,但未及"圣人有情"对魏晋人生态度转型的意义。在宗白华看来,"晋人向外发现了自然,向内发现了自己的深情",是"魏晋六朝这一美学思想史大转折的关键"。正是因为"圣人有情",才会有晋人的"情之所钟,正在我辈"。

---

① 《宗白华全集》第2卷,第284页。
② 《宗白华全集》第2卷,第284页。
③ 《汤用彤学术论文集》,中华书局1983年版,第236页。

宗白华认为晋人的“深于情”，无论对于自然，对于探求哲理，对于友谊，都有可述。“王子敬云：‘从山阴道上行，山川自相映发，使人应接不暇。若秋冬之际，尤难为怀！’”这是对自然的深情。“庾亮死，何扬州临葬云：‘埋玉树著土中，使人情何能已已！’”这是对朋友的爱。“王长史登茅山，大恸哭曰：‘琅琊王伯舆，终当为情死！’”，“阮籍时率意独驾，不由路径，车迹所穷，辄痛哭而返。”这是对宇宙人生体会到至深的无名的哀感。

所谓生命情调、宇宙意识，就是敞开我们的胸襟，接受宇宙和人生的全景，了解它的真义，体会它的深沉的境地。宗白华认为，这种超脱的胸襟在晋人这里已经萌芽起来。“卫玠初欲过江，形神惨悴，语左右曰：‘见此茫茫，不觉百端交集，苟未免有情，亦复谁能造此？’”卫玠的一往情深，令人心恸神伤，寄慨无穷。宗白华引陈子昂《登幽州台歌》及《论语·子在川上》，比较其间的生命情调与宇宙意识。宗白华还认为：“晋人富于这种宇宙的深情，所以在艺术文学上有那样不可企及的成就。顾恺之有三绝：画绝、才绝、痴绝。其痴尤不可及！陶渊明的纯厚天真与侠情，也是后人不能到处。”①

(3)山水之美

山水之美，古今共谈，然而真正发现山水的精神价值及意义，自晋人始。顾彬(Wolfgang Kubin)《中国人的自然观》中说：“在西方，自然当作风景，就是说被单独注意感受到的部分，在绘画中，直到17世纪(荷兰)，而在文学中，直到18世纪才确定下来。”②仅从时间上看，中国晋宋以来的山水诗、山水画在世界艺术发展史上的地位便不可低估，何况晋宋人发现的山水之美，并非仅仅将之看成“风景”。

宗白华说：“晋宋人欣赏山水，由实入虚，即实即虚，超入玄境。”此论极精。晋宋人欣赏自然，的确有“目送归鸿，手挥五弦”，超然玄远的意趣。陶渊明诗“采菊东篱下，悠然见南山”，“此中有真意，欲辨已忘言”；谢灵运诗“溟涨无端倪，虚舟有超越”；宗炳画所游山水悬于室中，对之云：“抚琴动操，欲令众山皆响！”这玄远幽深的哲学意味渗透在当时人的美感和自然游赏中。

晋宋人的美感和自然观，富于简淡、玄远的意味，就大体而言，是受到老庄

---

① 《宗白华全集》第2卷，第273页。

② 顾彬：《中国人的自然观》，上海人民出版社1990年版，第1页。

哲学的宇宙观的影响。晋宋人山水画的创作，自始也即具有“澄怀观道”的意趣。所谓“道”，就是这宇宙里最幽深最玄远却又弥纶万物的生命本体。东晋大画家顾恺之也说绘画的手段和目的是“迁想妙得”。这“妙得”的对象也即是那深远的生命——“道”。中国山水画开端就富于玄学的意味。宗白华说：“中国山水画自始即是一种‘意境中的山水’。”①这使得中国绘画在世界上自成一独立的体系。

晋人以虚灵的胸襟、玄学的意味感受自然，于是能体会到一片表里澄澈，空明晶莹的美的意境。“王羲之曰：‘从山阴道上行。如在镜中游！’”“王司州至吴兴印渚中看，叹曰：‘非唯使人情开涤，亦觉日月清朗！’”这都是些玉洁冰清，宇宙般幽深的山水灵境。

晋人还喜用光明鲜洁、晶莹发亮的自然意象，来形容人物品格的美。“人有叹王恭形茂者曰：‘濯濯如春月柳。’”“嵇康身长七尺八寸，风姿特秀，见者叹曰：‘萧萧肃肃，爽朗清举。’或曰：‘萧萧如松下风，高而徐引。’山公云：‘嵇叔夜为人也，岩岩如孤松之独立，其醉也，傀俄若玉山之将崩！’”“谢太傅问诸子侄：‘子弟亦何预人事，而正欲其佳？’诸人莫有言者。车骑答曰：‘譬如芝兰玉树，欲使其生于阶庭耳。’”春月柳、爽朗清举、玉山、玉树，都是一片光亮的意象。

用自然的美来形容人物的美，是晋人“人物品藻”的主要方式之一。宗白华说：“这两方面的美——自然美和人格美——同时被魏晋人发现。”②人格美的推崇已滥觞于汉末，上溯至孔子及儒家的重视人格及其气象，晋人尤沉醉于人物的容貌、器识、肉体与精神的美。晋人的美与自然美有关，与晋人的山水意识有关，也就是说自然山水具有涵养人格的功能。忘情于自然山水，虽为寻求安慰与寄托，却不仅仅是安慰与寄托。中国古人向往天地之“大美”，纵身大化，“上下与天地同流”，是要从宇宙生命的造化过程中汲取力量。这便是宗白华早年提倡建构新人格时主张的“在大宇宙自然界中创造”，也是他一向所说的“中国人感到宇宙全体是大生命的流行，其本身就是节奏与和谐。人类社会生活里的礼和乐，是反射着天地的节奏与和谐”③。晋人对山水之美的

---

① 《宗白华全集》第2卷，第270页。

② 《宗白华全集》第2卷，第277页。

③ 《宗白华全集》第2卷，第413页。

重大发现,使我们认识到:“古代中国人向大自然寻求人生理想和人生价值寄托、从大自然生机勃郁的生命景象中汲取精神力量的传统,至今仍不失为建构健全人格的方法之一。”①

第三节　人格涵养:美育与艺境

树立“艺术的人生观”、创造“艺术式的人生”,在歌德和晋人那里找到人格的范型,宗白华为我们悬置了一个审美主义的人生理想。怎样去实现这一理想,达到更高的人生境界,这就涉及美育等问题了。

1. 美育与人格涵养

在西方,是从哲学中分出美学,而后有审美教育即美育的。在现代中国,美学的引进却是在倡导美育的背景下进行的。王国维协助罗振玉办《教育世界》,首次提倡美育,在《论教育之宗旨》和《孔子之美育主义》等文章中有深入的探讨。只是当时人微言轻,未能引起反响。直到蔡元培出任中华民国教育总长,在就职宣言《对教育方针之意见》中正式提倡美育,任北京大学校长反复演讲《以美育代宗教说》,艺术教育和美学研究才得以普及开来。20 世纪头 20 年间,中国只有美育而没有学科形态的美学。学科意义上的美学,是 30 年代以后宗白华、朱光潜等人才奠定的。宗白华和朱光潜主要的精力集中在美学和艺术研究上,美育问题不是他们注意的焦点,并非因为他们认为美育不重要,而是因为在他们看来,美学和艺术的研究,最终必然要指向或归结到美育,这是不言自明的。

宗白华专门论及美育的仅有两篇短文,一为《席勒的人文思想》;二为《〈美育〉等编辑后语》。有意思的是,两者分别写于他阐释歌德人生观及晋人之美的前后。

宗白华认为席勒的《美育论》是美学上不朽的大作,并对其兴趣在人生问题、文化问题,尤在研究“艺术在人生与文化上的地位”,心有戚戚。席勒提倡“美的教育”,要使堕落的分裂的近代人生重新恢复它的全整与和谐,使近代

① 汪裕雄:《意象探源》,安徽教育出版社 1996 年版,第 415 页。

科学经济的文明,进入优美自由的艺术文化,这也是宗白华的理想。

席勒主张近代人须恢复艺术中的游戏精神。兴趣与工作一致,人格与事业一体。一切皆发于心灵自由的表现,一切又复返于人格心灵的涵养增进。工作与事业即成"人格教育"。事业因出发于心灵的愉悦而有深厚的意义与价值。人格因事业的成就而得进展完成。宗白华以自己固有的中国文化背景诠解道:"'美的教育'就是教人'将生活变为艺术'。生活须表现着'窈窕的姿态'(席勒有文论庄严与窈窕),在道德方面即是'从心所欲不逾距',行动与义理之自然合一,不假丝毫的勉强。在事功方面,即'无为而无不为'。以整个的自由的人格心灵,应付一切个别琐碎的事件,对于每一事件给予适当的地位与意义。不为物役,不为心役,心物和谐底成于'美'。而'善'在其中了。"①"把生活变为艺术"正是宗白华早年的人生观。在此。他将之与席勒"美的教育"及传统儒道两家的人生哲学合在一起,最终将美育归为人格心灵的涵养。

在《〈美育〉编辑后语》中,宗白华认为孔子的"兴于诗,立于礼,成于乐"实在就是美育。以孔子此句话解释美育的,前有王国维,后有朱光潜。王国维《孔子之美育主义》中说孔子教育人,"始于美育,终于美育",即"兴于诗"、"成于乐"。朱光潜《谈美感教育》一文说:"诗、礼、乐三项可以说都属于美感教育。诗与乐相关,目的在怡情养性,养成内心的和谐;礼重仪节,目的在使行为仪表就规范,养成生活上的秩序……内具和谐而外具秩序的生活。从伦理观点看,是最善的;从美感观点看,也是最美的。"②把这些理解,与宗白华说的"成于'美',而'善'在其中了"联系起来看,无论王国维、朱光潜,还是宗白华,都是以中国伦理色彩甚浓的审美主义去阐释美育,把西方(席勒)美育思想中感性与理性、自由与必然的问题省略,只谈人格完善的问题。他们共同关注的是通过审美与艺术去涵养健全人格。

2. 艺境与人格涵养

美育,更确切地说,审美和艺术是通过怎样的中介去涵养人格的呢?提倡

① 《宗白华全集》第2卷,第111页。

② 《朱光潜全集》第4卷,安徽教育出版社1988年版,第145页。

美育最力的蔡元培似乎没有关注过这个问题，王国维和朱光潜也没有把这个问题挑明，只有宗白华明确地讨论了意境创造与人格涵养的关系。

王国维当年说“美育即情育”，又说“古雅”是“美育之津梁”。那意思很明确，“古雅”具有涵养性情的功能。他后来转向文学，寻找情感的慰藉。写《人间词话》时说：“词以境界为最上。”他实际上也是将“境界”当作“美育之津梁”的。李泽厚《华夏美学》论及王国维境界说时写道：“我认为，这‘境界’的特点在于，它不只是作家的胸怀、气质、情感、性灵，也不只是作品的风味、神韵、兴趣，同时它也不只是情景问题。它是通过情景问题，强调了对象化、客观化的艺术本体世界中所透露的人生，亦即人生境界的展示。尽管王的评点论说并未处处扣紧这一主题，但在王的整个美学思想中，这无疑是焦点所在。”①

朱光潜谈“诗的境界”时，曾提到“诗是人生世相的返照”。只是他也没有将境界与人生联系起来。所以，他说“人生的艺术化”，只是在人生与艺术的相似性上比来比去，未能在本体层面作深入的探讨。

宗白华早年提倡“艺术的人生观”，也是从艺术创造的过程推想人生创造的过程。可他后来探讨艺术意境时，已很明显地意识到艺术意境的创造与人格涵养的关系。他说：“艺术意境的诞生，归根结底，在于人的性灵中。”②艺术意境的创造，“端赖艺术家平素的精神涵养，天机的培植，在活泼泼的心灵飞跃而又凝神寂照的体验中突然地成就”③。所以，艺术家首重人格底素养，以待灵感之来临。

宗白华还特别推重山水诗画的艺境。他说：“启人之高志，发人之浩气，展开我们音乐的灵魂，无尽藏的心源，只有山水的变幻灵奇是一种适当的象征素材，用来建造我们胸中的意境。”④这实际上是强调山水诗画意境启示人生的价值意义，涵养健全人格的功能。

宗白华说：“人生若欲完成自己，止于完善，实现他的人格，则当以宇宙为模范，求生活中的秩序与和谐。和谐与秩序是宇宙的美，也是人生美的基

---

① 李泽厚：《美学三书》，安徽文艺出版社 1999 年版，第 415 页。

② 《宗白华全集》第 2 卷，第 329 页。

③ 《宗白华全集》第 2 卷，第 361 页。

④ 《宗白华全集》第 2 卷，第 328 页。

础。”①人生怎样以宇宙为模范完美人格呢？在宗白华看来自然是通过艺术。艺术意境因体现着生命情调与宇宙意识，便能贯通宇宙和人生，起净化人格的作用。“艺术的境界，既使心灵和宇宙净化，又使心灵和宇宙深化。使人在超脱的胸襟里体味到宇宙的深境。”②艺境于心灵的启示，于涵养健全人格的作用，这一句话已经说得十分透彻了。

① 《宗白华全集》第2卷，第58页。

② 《宗白华全集》第2卷，第373页。

第九章　艺术通观

宗白华的艺境求索,并非一般意义上的艺术研究或文艺美学研究。他在中西文化的大背景中,求索中国各门类艺术的共同审美理想,从艺术形式分析入手,寻找文化精神的艺术原型,最终完成对中国艺术意境的创造性阐发。无论是他早期的"艺术学"研究,还是他后期的"中国美学史"研究,都贯穿着这样一种独具个性的研究方法。而正是这种研究方法,促成了他艺境美学别具一格的品质和风貌。这种研究方法,我们名之为"艺术通观"。

第一节　艺术通观的两义

为什么名为"艺术通观"呢? 我们认为可从以下两个方面来理解:

1. 门类艺术的通观

宗白华以睿智的目光巡视整个艺苑,论及的艺术门类包括诗歌、绘画、书法、音乐、舞蹈、戏剧、园林、建筑和工艺美术。他不仅能对每一门艺术发表深刻独到的见解,而且能够发掘各门类艺术间的相通之处,能透过不同的艺术现象,阐明其间包含的共同审美理想,进而揭示艺术理想的文化哲学底蕴。在20世纪中国美学界,能作此通观者,唯宗白华一人而已。

宗白华从早年的文化批判转向艺术研究,有他在德国柏林大学的老师玛克斯·德索的影响。德索在其代表作《美学与艺术理论》中绘制了一张艺术分类图表,并在解释的文字中提到,他试图通过各类艺术的比较,"最终获得好几门艺术之间自然亲缘关系的大纲式的观点"。[①] 宗白华《艺术学(讲演)》在引用了德索这个著名的图表时,曾加旁注:"诗中有画,画中有诗,建筑是冰冻住的音乐,音乐及诗中有建筑的意匠。"[②]德索与宗白华都关注到各门类艺术之间的相通之处。

宗白华从文化批判转向艺术研究,最初关注的艺术门类是绘画。但在专门论述绘画的文章中,宗白华并没有孤立地去讨论个别的门类艺术,而是将之与其他门类艺术联系起来。《论中西画法的渊源与基础》中说:"中国画是一种建筑的形线美、音乐的节奏美、舞蹈的姿态美。"[③]《中西画法所表现的空间意识》中又说:"中国画里的空间构造,既不是凭借光影的烘染衬托(中国水墨画并不是光影的实写,而仍是一种抽象的写景表现),也不是移写雕像立体及建筑的几何透视,而是显示一种类似音乐或舞蹈所引起的空间感形。确切地说:是一种'书法的空间创造'。"[④]

标志着宗白华艺境美学思想成熟的,是他写于20世纪40年代的《中国艺术意境之诞生》和《中国诗画中所表现的空间意识》。这类文章从中国各门类艺术中概括出共同的艺术理想,即艺术意境,自然要对各门类艺术予以通观。而他50年代所谓"美学的散步",实际上也是这种通观的延续。《美学的散步(一)》由莱辛的"诗与画的界限"开始,最后得出的结论却是:"诗和画的圆满结合(诗不压倒画,画也不压倒诗,而是相互交流交浸),就是情和景的圆满结合,也就是所谓'艺术意境'。"[⑤]莱辛强调的是诗和画的区别,宗白华强调的则是它们的相通之处。另据作者致刘纲纪函说:"我的第二散步,大约关于音乐与建筑,尚在准备中。未知何日动笔,因康德美学亟待翻译也。"[⑥]这"第二散步"以后也未见成文,从留下的笔记和他一贯的思想看,一定也是强调音乐与建筑之间的相通。20世纪60年代初,宗白华致力于中国美学史的研究。

---

① 玛克斯·德索:《美学与艺术理论》,兰金仁译,中国社会科学出版社1987年版,第576页。

② 《宗白华全集》第1卷,第561页。

③ 《宗白华全集》第2卷,第100页。

④ 《宗白华全集》第2卷,第143页。

⑤ 《宗白华全集》第3卷,第295页。

⑥ 《宗白华全集》第3卷,第296页。

同一时期发表的专题论文有《中国书法里的美学思想》和《中国古代的音乐寓言与音乐思想》。即使在这些对门类艺术所作的专门研究中，我们仍能读到这样的句子，如前者："我们可以从书法里的审美观念再通于中国其他艺术。如绘画、建筑、文学、音乐、舞蹈、工艺美术等。"①后者："用节奏、和声、旋律构成的音乐形象，和舞蹈、诗歌结合起来，就在绘画、雕塑、文学等造型艺术以外，拿它独特的形式传达生活的意境，各种情感的起伏节奏。"②在由叶朗记录整理的讲稿《中国美学史中重要问题的初步探索》里，宗白华更为明确地写道："中国各门传统艺术（诗文、绘画、戏剧、音乐、书法、雕塑、建筑）不但都有自己独特的体系，而且各门传统艺术之间，往往互相影响，甚至互相包含（例如诗文、绘画中可以找到园林建筑艺术所给予的美感或园林建筑要求的美，而园林建筑艺术又受诗歌绘画的影响，具有诗情画意）。因此，各门艺术在美感特殊性方面，在审美观方面，往往可以找到许多相同之处或相通之处。"③直到晚年，为《美学向导》一书所撰寄语中，他还重申了这一思路："研究中国美学不能只谈诗文，要把眼光放宽些，放远些，注意到音乐、建筑、舞蹈，等等。探索它们是否有共同的趋向、特点，从中总结出中国自己民族艺术的共同的规律来。"④

由上可见，宗白华的美学与艺术研究自始至终都有意贯彻着对各门类艺术进行通观的原则。

2. 中西艺术的通观

宗白华的艺术研究中存在着大量的中西艺术比较。其主要策略是通过西方艺术的参照，凸现中国的艺术特性，最终完成对中国艺术意境的创造性阐释。正如他自己所言，他对中国画价值的认识，是到了欧洲，比较西洋画后才觉得的。要阐释中国传统艺术的精神，必须在跨文化的视野和对话中，对中西艺术作通盘的观照。从这个意义上讲，宗白华的中西艺术比较，可称之为中西艺术通观。

---

① 《宗白华全集》第3卷，第412页。
② 《宗白华全集》第3卷，第428页。
③ 《宗白华全集》第3卷，第118页。
④ 《宗白华全集》第3卷，第607页。

与门类艺术通观一样,宗白华的中西艺术通观也贯穿他艺术研究的始终。在他早期的中国画研究中,他首先关心的问题是:"中国画所表现的中国心灵究竟是怎样?它与西洋精神的差别何在?"①这便有了《论中西画法的渊源与基础》、《中西画法所表现的空间意识》之类中西比较的文章。他后来能在《中国诗画中所表现的空间意识》中,对中国艺术意境作出那样精辟的论述,正是由于有前期的比较研究作铺垫。

20 世纪 60 年代,宗白华的中国美学史研究涉及许多艺术门类。而在具体的中国门类艺术研究中,他仍然不时地以西方艺术作对照和比较。如谈到中国戏剧时说:"西洋舞台上的动,局限于固定的空间。中国戏曲的空间随动产生,随动发展。"②谈到中国书法时说:"中国书法里结体的规律,正像西洋建筑里结构规律那样,它们启示着西洋古希腊及中古哥提式艺术里空间感的型式,中国书法里的结体也显示着中国人的空间感的型式。"③谈中国音乐时说:"希腊半岛上城邦人民的意识更着重在城市生活里的秩序和组织,中国的广大平原的农业社会却以天地四时为主要环境。人们的生产劳动是和天地四时的节奏相适应。"④谈到中国建筑时说:"古希腊人对于庙宇四围的自然风景似乎还没有发现,他们多半把建筑本身孤立起来欣赏。古代中国人就不同。他们总要通过建筑物,通过门窗,接触外面的大自然界。"⑤

除了具体艺术形态的通观,宗白华在论及一些中国艺术理论时,也不忘与西方同类研究作比较。例如他认为嵇康的《声无哀乐论》可以和德国 19 世纪汉斯里克的《论音乐的美》作比较研究。论述张彦远及其《历代名画记》时,他提到英国艺术批评家佩特和罗斯金,特别是德国艺术史家、美学家温克尔曼。

宗白华艺术研究中的这种中西比较意识,是出于方法论的自觉。20 世纪 80 年代复出之时,他所作第一场演讲《关于美学研究的几点意见》的第一节标题便是"要从比较中见出中国美学的特点"。他说:"研究中国美学就不能不

① 《宗白华全集》第 2 卷,第 44 页。
② 《宗白华全集》第 3 卷,第 395 页。
③ 《宗白华全集》第 3 卷,第 422 页。
④ 《宗白华全集》第 3 卷,第 432 页。
⑤ 《宗白华全集》第 3 卷,第 478 页。

注意它和外国美学的区别。”[①]这一思路在此后不同场合一再反复强调。《〈美学向导〉寄语》中说：“研究中国美学，还要把中国的美学理论与欧洲、与印度的美学理论相比较，从比较中可以见出中国美学的特殊性。”[②]《漫谈中国美学史研究》中说：“在美学研究中，一方面要开发中国美学的特质，另一方面也要同西方美学思想进行比较研究，发现它们之间的联系和区别。”[③]这种在中西方美学通观中开发中国美学特质的策略，是宗白华对后来者的谆谆告诫，更是他自己一生研究的经验之谈。

与宗白华同时代的美学家，也都十分重视艺术研究。朱光潜将自己的美学称为“文艺心理学”。他称“文艺”，不称“艺术”，可见其对文学的偏爱。其他艺术类型涉及不多，或只为点缀和陪衬。而在文学中，他的研究又集中在诗学方面。他的《诗论》用西方诗论来解释中国古典诗歌，又用中国诗歌和诗论来印证西方诗论，而不是中西诗歌和诗论的比较。丰子恺写过许多介绍西方音乐和美术的普及读物，其理论探讨仅见于《绘画与文学》一书。关于中国诗与中国画，以及中国画与西洋画的比较，他的判断只限于具体的细节，结论往往前后抵触。邓以蛰早年写《艺术家的难关》涉及音乐、绘画、雕刻、诗歌、戏剧等，后来仅集中于中国绘画和书法，所谓“唯书与画，犹未忘情”。他的研究主要是对中国绘画和书法理论进行现代阐释。无论是艺术门类涉猎的系统性，还是中西艺术比较意识的自觉性，同时代其他美学家，都未达到宗白华艺术通观的广度与深度。

第二节　艺术通观的要旨

门类艺术通观意在求同，中西艺术通观意在辨异，但宗白华的艺术通观，却不同于一般所谓异中求同、同中求异的比较研究，而是一种与理论诠释相结合、方法独特的比较研究。它体现着宗白华学术研究的鲜明个性，同时也为我们提供了学术研究的一个经典范式。其要旨有三：

---

① 《宗白华全集》第3卷，第593页。

② 《宗白华全集》第3卷，第608页。

③ 《宗白华全集》第3卷，第617页。

1. **阐发艺境**

宗白华的艺术通观不同于一般所谓求同求异的比较。差别不在方法上，而在出发点和归宿上，他在中国传统门类艺术间求同，是要找到中国艺术共同的特性。他在中西艺术间求异，是要见出中国艺术独具的特性。例如绘画与诗歌两个门类艺术的比较，莱辛发掘的是空间艺术与时间艺术的差异，宗白华发掘的则是两种艺术互融互渗的共同审美理想，即艺术意境。而在中西绘画的比较中，宗白华不是要引进西方绘画的技巧，来弥补中国传统绘画的不足。他认为中国和欧洲绘画在空间观上无所谓"谁是谁非"，他也不是要寻求中西绘画的融合。他认为有人欲融合中西画法于同一画面，结果无不失败，因为没有注意两者宇宙意识的不同立场。宗白华中西绘画的比较，正是要揭示中西艺术时空观和宇宙意识的差异，从而确定中国绘画中所表现的空间意识、艺术境界及其在世界美学上的意义。不论是门类艺术通观的求同，还是中西艺术通观的求异，最终都是指向同一目标，即对中国艺术意境的诠释。

在《艺术学(讲演)》中，宗白华将艺术的所有主要问题都归结到意境上。他认为艺术的内容是意境，形式是为了完美地表现意境，创作是表现作者的意境，欣赏是以自己心中的意境体会作者的意境。而其具体的门类艺术研究，无论是绘画、诗歌，还是音乐、舞蹈、书法、戏曲、园林建筑，他所关注的都是"境界层"的问题。《中国艺术意境之诞生》、《中国艺术三境界》等文章，更是他试图以意境为出发点，通观中国艺术的集中体现。

不仅如此，宗白华艺术通观的重要结论，也多落脚在对中国艺术意境的描述和概括上。

(1)情景交融

《中国艺术意境之诞生》中将意境称为"情与景的结晶品"。通过对王安石的一首诗、马致远的一首小令等作品的分析，宗白华说明了客观景物与主观情思的交织："在一个艺术表现里情和景交融互渗……景中全是情，情具象而为景，因而涌现了一个独特的宇宙，崭新的意象，为人类增加了丰富的想象，替世界开辟了新境……这是我的所谓'意境'。"①他还提到唐代画家张璪的"外师造化，中得心源"，认为是意境创构的基本条件。在《中国艺术意境之诞生》

① 《宗白华全集》第2卷，第360页。

第一稿中,他直接指出,意境是造化和心源凝成的一个有生命的结晶体。造化即景,心源即情。所以,“意境是造化与心源的合一。就粗浅方面说,就是客观的自然景象和主观的生命情调的交融渗化”。① 在《美学的散步》中,宗白华并不完全赞同莱辛对诗与画的比较。分析了王昌龄的一首诗和闵采尔的一幅画后,他指出:“诗和画的圆满结合(诗不压倒画,画也不压倒诗,而是相互交流交浸),就是情和景的圆满结合,也就是所谓‘艺术意境’。”②宗白华不仅把情景交融作为艺术意境的一个基本内涵,而且进一步探讨过情与景怎样结合的问题。在《艺术学(讲稿)》中谈到“因景生情”和“以情见景”;在《美从何处寻》中谈到“移我情”和“移世界”;在《中国美学史中重要问题的初步探索》中谈到“化景物为情思”。

(2)虚实相生

宗白华认为,中国古代哲学家把客观现实看成一个虚实结合的世界,反映为艺术,也应该虚实结合,才有生命。《中国艺术意境之诞生》中引了庄子的“虚室生白”和“唯道集虚”之后,又引了笪重光的“虚实相生,无画处皆成妙境”,来说明构成中国人的生命情调和艺术意境的实相。《中国诗画中所表现的空间意识》中说:“中国人的最根本的宇宙观是《周易传》上所说的‘一阴一阳之谓道’。我们画面的空间感也凭借一虚一实、一明一暗的流动节奏表达出来。虚(空间)同实(实物)联成一片波流,如决流之推波。明同暗也联成一片波动,如行云之推月。”③可见宗白华是从哲学宇宙观的高度,来通观中国艺术中的虚实问题。《中国艺术表现里的虚与实》便是由此讨论了中国绘画、戏剧、舞蹈、书法、建筑乃至印章中虚实相生的审美原则。其结论是“虚”和“实”的辩证统一,才能完成艺术的表现,形成艺术的美。《中国美学史中重要问题的初步探索》中也用了相当的篇幅来讨论虚实结合的原则。他认为艺术家创造的形象是“实”,引起我们的想象是“虚”。由形象产生意象境界就是虚实的结合。接着他以中国绘画、书法、戏曲、园林建筑来说明,“以虚带实。以实带虚,虚中有实,实中有虚,虚实结合,这是中国美学思想中的核心问题”。④ 他

① 《宗白华全集》第2卷,第327页。

② 《宗白华全集》第3卷,第295页。

③ 《宗白华全集》第2卷,第434页。

④ 《宗白华全集》第3卷,第455页。

还认为:“以虚为虚,就是完全的虚无;以实为实,景物就是死的,不能动人;唯有以实为虚,化实为虚,就有无穷的意味,幽远的境界。”①为说明这一观点,他举的例子有戏剧中的《三岔口》、《梁祝相送》,《史记》中的《封禅书》,《诗经》中的《硕人》以及杜甫、欧阳修等人的诗。

(3)动静不二

动静问题也是哲学认识和艺术表现的共同问题。在“五四”时期,它还是东西文化比较中的热门话题。杜亚泉、李大钊等人都曾接受过这样的观点,即西方文明主动,东方文明主静。宗白华在《自德见寄书》中也持类似的看法。他还认为世界文化发展的趋势是东西对流,“一是动流趋静流,一是静流趋动流”。他以后的中西艺术通观也体现了这种动静平衡的思想。例如《歌德之人生启示》中,宗白华不仅阐释了《浮士德》时动的精神,也阐释了《流浪者之夜歌》里静的内涵。他笔下的歌德,“表现了西方文明自强不息的精神,又同时具有东方乐天知命宁静致远的智慧”。② 关于中国艺术中的静,他说:“静不是死亡,反而倒是甚深微妙的潜隐的无数的动,在艺术家超脱广大的心襟里显呈了动中有和谐有韵律,因此虽动却显得极静。这静里,不但潜隐着飞动,更是表示着意境的幽深。”③因而在中国画的研究中,他不仅阐释了那种“深沉静默地与这无限的自然,无限的太空浑然融化,体合为一”的静的境界,他还更为重视那种于静观寂照中,“求返于自己深心的心灵节奏,以体合宇宙内部的生命节奏”的“气韵生动”。在《中国艺术意境之诞生》中,他认为静穆的观照和飞跃的生命是艺术的两元,“深沉的静照是飞动的活力的源泉。反过来说,也只有活跃的具体的生命舞姿、音乐的韵律,艺术的形象,才能使静照中的‘道’具象化、肉身化。”④而这种艺术的境界正是禅境的表现:“禅是动中的极静,也是静中的极动,寂而常照,照而常寂,动静不二,直探生命的本原。禅是中国人接触佛教大乘义后体认到自己心灵的深处而灿烂地发挥到哲学境界与艺术境界。”⑤

① 《宗白华全集》第3卷,第456页。
② 《宗白华全集》第2卷,第1—2页。
③ 《宗白华全集》第2卷,第377页。
④ 《宗白华全集》第2卷,第367页。
⑤ 《宗白华全集》第2卷,第364页。

(4)时空合一

宗白华早年关注过康德的时空学说,后又专门研究过中西哲学时空观的差异。他说:“我的兴趣趋向于中华民族在艺术和哲学思想里所表现的特殊精神和个性。而想从分析空间时间意识来理解它。”①在宗白华的艺术通观中,中西绘画宇宙观的区别,以及渊源和基础的不同,都归于空间意识的差异。西洋绘画在希腊及古典主义画风里所表现的是偏于雕刻的和建筑的空间意识,中国绘画显示的则是一种类似音乐或舞蹈所引起的空间感型,是一种书法的空间创造。通观中国诗画中所表现的空间意识,宗白华认为中国人与西洋人同爱无尽空间,但此中有很大的精神意境上的不同。西洋人站在固定地点,由固定角度透视深空,他的视线失落于无穷,驰于无极。他对这无穷空间的态度是追寻的、控制的、冒险的、探索的。近代无线电、飞机都是表现这控制无限空间的欲望。而结果是彷徨不安、欲海难填。中国人对于这无尽空间的态度却是于有限中见到无限,又于无限中回归有限。他的意趣不是一往不返而是回旋返复的。“我们宇宙既是一阴一阳,一虚一实的生命节奏,所以它根本上是虚灵的时空合一体,是流动着的生动气韵”②,他又说:“时间的节奏(一岁,十二个月二十四节)率领着空间方位(东南西北等)以构成我们的宇宙。所以我们的空间感觉随着我们时间感觉而节奏化了、音乐化了!……一个充满音乐情趣的宇宙(时空合一体)是中国画家、诗人的艺术境界。”③由时空合一,宗白华得出了他对中国艺术意境创造性的阐释。

2. 寻求原型

所谓原型,指的是民族文化传统中的某个基本象征物。它既体现了该民族基本的文化精神,又表象为该民族独特的艺术形式。斯宾格勒在《西方的没落》一书中,曾由此来探讨世界多种文化形态。他认为这种原型:在埃及文化中是“路”,在希腊文化中是“立体”,在近代欧洲文化中是“无尽的空间”。这三种原型都是取之于空间境界,而他们最具体的表现是在艺术里面。埃及金字塔里的甬道、希腊的雕像、近代欧洲的最大油画家伦勃朗的风景,是我们

① 《宗白华全集》第2卷,第473页。
② 《宗白华全集》第2卷,第138页。
③ 《宗白华全集》第2卷,第431页。

领悟这三种文化的最深的灵魂之媒介。

宗白华的中国艺术研究明显受到斯宾格勒的启发。早在德国留学期间，宗白华便接触了《西方的没落》，即《自德见寄书》中提到的风行一时的《西方文化的消极观》。在同一封信中，宗白华还流露了从文化批判转向艺境求索的迹象，即在世界文化的大背景下提到了中国绘画。

斯宾格勒以为，绘画和瓷器可以视为中国艺术的代表，中国绘画的透视法，是一种东亚的"道的透视法"。"道"的原则是"徜徉"，它也是中国绘画的透视法原则。[①] 斯宾格勒显然是将中国绘画看成中国文化和艺术的一个原型，作为基本象征的空间境界是其独特的透视法。宗白华回国后的艺境求索是由中国绘画开始的，他的艺术通观也由中国绘画入手。其研究思路大致上是斯宾格勒的延续。他写道："我们的空间意识的象征不是埃及的直线甬道，不是希腊的立体雕像，也不是欧洲近代人的无尽空间，而是潆洄委曲，绸缪往复，遥望着一个目标的行程(道)！"[②]这里使用的简直就是斯宾格勒的语言！

斯宾格勒在《西方的没落》中援引过德国艺术理论家菲舍尔(O .Fischer)《中国风景画》里的论断。他对中国绘画透视法的理解，受菲舍尔的启发。在很长一段时间里，散点透视法在德国知识界一直被认为是中国绘画不懂透视的一种缺陷。批评者中有赫尔德、康德和黑格尔等一些思想文化界要人。菲舍尔在《中国风景画》一书中首次指出：中国人形成的散点透视法，是任何其他民族所没有的，中国人由此"创造了一种感觉到无尽空间的图画。而那个时候，西方还沉睡在荒蛮时代"。[③] 宗白华也读过菲舍尔的书。《介绍两本关于中国画学的书并论中国的绘画》文中提到"德国艺术学者 O.Fischer 的批评"。《论中西画法的渊源与基础》题注中说："德国学者菲歇尔博士 Fischer 近著《中国汉代绘画》一书，极有价值。拙文颇得暗示与兴感，特在此介绍于国人。"[④]宗白华认为中西绘画透视法各有千秋，认同沈括和邹一桂的观点，是有菲舍尔和斯宾格勒作后盾的。

---

① 斯宾格勒:《西方的没落》，转引自卫茂平《中国对德国文学影响史述》，上海外语教育出版社 1996 年版，第 345—346 页。

② 《宗白华全集》第 2 卷，第 137 页。

③ 转引自卫茂平《中国对德国文学影响史述》，上海外语教育出版社 1996 年版，第 247 页。

④ 《宗白华全集》第 2 卷，第 98 页。

当然，宗白华并没停留在斯宾格勒及菲舍尔的判断上。随着研究的深入，他发现作为中国文化基本象征的艺术形式并不是绘画，其空间境界也另有渊源。

宗白华的认识是逐步形成的。他首先认识到，中国画法不重具体物象的刻画，而倾向于笔墨表达人格心情与意境。“中国画是一种建筑的形线美、音乐的节奏美、舞蹈的姿态美。”①很快，他又以书法替代了建筑。“中国画里的空间构造，既不是借光影的烘染衬托（中国水墨画并不是光影的实写，而仍是一种抽象的笔墨表现），也不是移写雕像立体及建筑的几何透视，而是显示一种类似音乐或舞蹈所引起的空间感型。确切地说，是一种‘书法的空间创造’。”②既然如此，中国艺术的空间境界，说是表现在绘画中，就不如说是表现在音乐、舞蹈或书法中。而作为中国文化原型的艺术，说是绘画，也就不如说是音乐、舞蹈或书法。事实上，宗白华此后在不同的场合，把中国艺术的原型分别看成音乐、舞蹈或书法的。

写于20世纪40年代前期的《中国艺术意境之诞生》中，宗白华认为舞蹈“为综合时空的纯形式艺术，所以能为一切艺术的根本形态”。该文最后一节标题为“道、舞、空白：中国艺术意境结构的特点”。其中写道：“舞是中国一切艺术境界的典型。中国的书法、画法都趋向飞舞。庄严的建筑也有飞檐表现着舞姿。”还有：“尤其是舞，这最高度的韵律、节奏、秩序、理性，同时是最高度的生命、旋动、力、热情。它不仅是一切艺术表现的究竟状态，且是宇宙创化过程的象征……只有‘舞’，这最紧密的律法和最热烈的旋动，能使这深不可测的玄冥的境界具象化、肉身化。”③这种将舞蹈当作中国艺术原型的观点，在写于60年代的《中国艺术表现里的虚和实》中也有表述：“由舞蹈动作伸延，展示出来的虚灵的空间，是构成中国绘画、书法、戏剧、建筑里的空间感和空间表现的共同特征，而造成中国艺术在世界上的特殊风格。它是和西洋从埃及以来所承受的几何学的空间感有不同之处。”④

20世纪40年代中后期，宗白华又开始强调音乐的“原型”地位。《形上

---

① 《宗白华全集》第2卷，第100页。
② 《宗白华全集》第2卷，第143页。
③ 《宗白华全集》第2卷，第366页。
④ 《宗白华全集》第3卷，第390页。

学》手稿里说："西洋科学的真理以数表之……中国生命哲学之真理唯以乐示之。"①的确，中国自古就有"乐教"的传统，又有"乐德"的说法，乐是"天地之和"，并且在孔子"成于乐"的思想中，"理想的人格，应该是一个'音乐的灵魂'"。② 宗白华还指出："古人拿音乐的五声配合四时五行，拿十二律分配于十二月(《汉书·律历志》)，使我们一岁中的生活融化在音乐的节奏中。"③于是，"用心灵的俯仰的眼睛来看空间万象，我们的诗和画中所表现的空间意识，不是像那代表希腊空间感觉的有轮廓的立体雕像，不是像那表现埃及空间感的墓中的直线甬道，也不是那代表近代欧洲精神的伦勃朗的油画中渺茫无际追寻无着的深空，而是'俯仰自得'的，节奏化的音乐化了的中国人的宇宙感"，"一个充满音乐情趣的宇宙(时空合一体)是中国画家、诗人的艺术境界"。④ 类似的观点，在写于20世纪60年代的《中国古代的音乐寓言和音乐思想》中也有表述："就像我们研究西洋哲学必须理解数学、几何学那样，研究中国古代哲学也要理解中国音乐思想……音乐领导我们去把握世界生命万千形象里最深的节奏的起伏……画家诗人却由于在自然现象里意识到音乐境界而使自然形象增加了深度。"⑤

20世纪30年代中期。宗白华在《论中西画法的渊源和基础》中就指出："中国乐教失传，诗人不能弦歌，乃将心灵的情韵表现于书法、画法。书法尤为代替音乐的抽象艺术。"⑥在《中西画法所表现的空间意识》一文中又说："中国的书法本是一种类似音乐或舞蹈的节奏艺术……中国音乐衰落，而书法却代替了它成为一种表达最高意境与情操的民族艺术。三代以来，每一朝代有它的'书体'，表现那时代的生命情调与文化精神。我们几乎可以从中国书法风格的变迁来划分中国艺术史的时期，像西洋艺术史依据建筑风格的变迁来划分一样。"⑦按宗白华的意思，书法是可以代替音乐或舞蹈而成为代表中国文化原型的艺术形式。这一观点在写于20世纪60年代的《中国书法里

① 《宗白华全集》第1卷，第589页。
② 《宗白华全集》第2卷，第113页。
③ 《宗白华全集》第2卷，第4011页。
④ 《宗白华全集》第2卷，第423、431页。
⑤ 《宗白华全集》第3卷，第433—442页。
⑥ 《宗白华全集》第2卷，第101—102页。
⑦ 《宗白华全集》第2卷，第143页。

的美学思想》中有集中的论述。该文一再强调书法在中国美学史上的地位，可等同于建筑在西方美学史上的地位。“西方美学从希腊的庙堂抽象出美的规律来。如均衡、比例、对称、和谐、层次、节奏，等等，至今成为西方美学里美的形式的基本范畴，是西方美学首先要加以分析研究的。我们从古人论书法的结构美里也可以得到若干中国美学的范畴，这就可以拿来和西方美学里的诸范畴作比较研究，观其异同，以丰富世界的美学内容，这类工作尚有待我们开始来做。”①他还说：“我们可以从书法里的审美观念再通于中国其他艺术，如绘画、建筑、文学、音乐、舞蹈、工艺美术等。”②这种以中国书法为中心的艺术通观指向一种空间境界，“中国书法里结体的规律，正像西洋建筑里结构规律那样，它们启示着西洋古希腊及中古哥提式艺术里空间感的型式，中国书法里的结体也显示着中国人的空间感的型式”。③

通观中国艺术的空间境界，寻求中国文化的原型，宗白华认为最能表现“道”的节奏的艺术形式，与其说是绘画，还不如说是音乐、舞蹈、书法。这就较斯宾格勒等人更进一层，更符合中国文化和艺术的基本精神。

3. 分析形式

在宗白华的艺术通观中，艺境阐释也好，原型寻求也好，并非只是大而化之的概括论断，而是都有着落实到具体技法技巧层面的形式分析。由分析形式入手，细绎和整合中国艺术的技巧和技法系统，然后再上升到艺术哲学和文化哲学的层面，是宗白华艺术通观的又一大特色。

《艺术学》中给形式下的定义是：“形式究为何？即每一种空间上并立的（空间排列的），或时间上相属的（即组合）一有机的组合成为一致的印象者，即形式也。”④《艺术学（讲演）》则是从艺术创造的角度来讨论形式的问题。“形式者如全体结构，颜色的组合，音阶的排列，节奏的调和皆是，但形式系由表现冲动而生，各艺术家之情感经历不同，表现冲动亦异，故形式亦因之终无

---

① 《宗白华全集》第3卷，第410—411页。
② 《宗白华全集》第3卷，第412页。
③ 《宗白华全集》第3卷，第422页。
④ 《宗白华全集》第1卷，第513页。

相同者，情感经历，表现之冲动人人皆有，而形式化创造力，则非艺术家不能办。”①所谓形式化创造力，是指艺术创造中，将无形式的材料造为有形式的，表现其心中意境的能力。用宗白华的话说：“艺术既为艺术家用一种形式表现其内容意境，故某种意境，既有某种表现之形式，由此形式，因可给与观者以作者意境与情绪，而作者对自己亦得较多明了。”②这种对形式及对形式化系统的见解和成熟的思考，正是宗白华艺术通观中形式分析的基础准备。

《略谈艺术的“价值结构”》一文中指出，艺术有三种主要的价值：一是形式的价值，二是抽象的价值，三是启示的价值。宗白华认为形式的价值，也就是美的价值，其作用可以别为三项：一是“美的形式的组织，使一片自然或人生的景象，自成一独立的有机体，自构一世界，从吾人实际生活之种种实用关系中，超脱自在。”二是“美的形式之积极作用是组织、集合、配置。一言蔽之，是构图。使片景孤境自织成一内在自足的境界。无求于外而自成一意义丰满的小宇宙。”三是“形式之最后与最深的作用，就是它不只是化实相为空灵，引人精神飞越，超入美境。而尤在它能进一步引人‘由幻即真’。深入生命节奏的核心。”最后，宗白华说：“‘形式’为美术之所以成为美术的基本条件，独立于科学、哲学、道德、宗教等文化事业之外，自成一文化的结构，生命的表现。”③

宗白华将形式上升到“文化的结构，生命的表现”，由此分析艺术形式中的“生命节奏”。把形式分析集中在节奏上，这是他艺术通观的一个焦点。他从中西绘画具体画法的比较中追寻各自的渊源和基础，得出“气韵生动”就是“生命的节奏”或“有节奏的生命”的精辟见解。他从中国诗画共同的空间意识，发现我们的宇宙是一阴一阳、一虚一实的生命节奏，是节奏化、音乐化了的时空合一体。甚至在20世纪50年代末间接参与“美学大讨论”的《美从何处寻》一文里，他的结论也落在节奏上：“这节奏，这旋律，这和谐，等等，它们是离不开生命的表现……所以诗人艾里略说：‘一个造出新节奏来的人，就是一个拓展了我们的感性并使它更为高明的人。’”④

---

① 《宗白华全集》第1卷，第546—547页。

② 《宗白华全集》第1卷，第548页。

③ 《宗白华全集》第2卷，第70—71页。

④ 《宗白华全集》第3卷，第270页。

《艺术学(讲演)》中有一段话最值得玩味:"凡一切生命的表现,皆有节奏和条理,《易》注谓太极至动而有条理,太极即泛指宇宙而言,谓一切现象,皆至动而有条理也,艺术之形式即此条理。艺术内容即至动之生命。至动之生命表现自然之条理,如一伟大艺术品。"①这段话可以与《艺术与中国社会》中的论述相对照:"中国人在天地的动静,四时的节奏,昼夜的来复,生长老死的绵延,感到宇宙是生生而具条理的。这'生生而条理'就是天地运行的大道,就是一切现象的体和用。"②在宗白华看来,中国人感到宇宙全体是大生命的流行,其本身就是节奏与和谐。传统社会里的礼和乐,是反射着大地的节奏和和谐。于是"中国人的个人人格,社会组织以及日用器皿,都希望能在美的形式中,作为形而上的宇宙秩序,与宇宙生命的表征。这是中国人的文化意识,也是中国艺术境界的最后根据。"③艺术的节奏,是生命的节奏,也是宇宙的节奏。中国民族很早就发现宇宙旋律及生命节奏的秘密,并以艺术的形式来体现它。这是宗白华通过形式分析得出一个重要的结论,也是他一生文化批判和艺境求索中最重要的一个结论。歌德说:"内容人人看得见。涵义只有有心人得之,形式对于大多数人是一秘密。"宗白华对歌德的这句话曾有过引述和发挥。他在艺术通观中的形式分析,正是为我们揭示了中国文化和艺术形式的"秘密"所在。

第三节　艺术通观的启示

宗白华的艺术通观作为一种学术研究的典范,与同时代其他学者的研究相比,其独到之处到底何在?对于我们今天的艺术研究和文化研究,又有何种启示?以下我们略作初步的探讨。

1. 艺术与文化的双向阐述

宗白华是从文化批判走向艺境求索的,而他的艺境求索中又有文化批判。表现在艺术通观中,便是从总体文化透视具体艺术,又从具体艺术反观总体文

① 《宗白华全集》第1卷,第548页。

② 《宗白华全集》第2卷,第413页。

③ 《宗白华全集》第2卷,第415—416页。

化，形成艺术与文化间的互释互证，这就使宗白华的美学和艺术研究具有一般难以企及的深度、高度和广度。

以对中国绘画特殊的透视法研究为例，宗白华由绘画技法的问题，追问其渊源和基础，发现中西时空意识的差异，并发现中国律历哲学与西方毕达哥拉斯学派的区别。然后，又从律历哲学，从音乐化的宇宙，从时空合一体，来阐释中国诗歌、音乐、舞蹈、书法、园林、戏曲等艺术中的空间境界。这种深邃而恢宏的研究，不仅为我们揭示了中国传统艺术形式的秘密，也为我们展示了中国文化的美丽精神。

关于中西绘画透视法的比较，20 世纪 30 年代中国学界有过讨论。丰子恺《绘画与文学》(1934)一书以一半的篇幅讨论中国文学与绘画中的远近法。他认为"中国文学合着绘画的远近法，中国绘画反而不合远近法"。这里的远近法显然是指西方绘画的透视法。当然，丰子恺有很高的艺术修养，也能发现中国画的特质。他说中国画家作画时善用诗的看法，"在空间的艺术中加以时间的分子，其空间必缺乏现实性。在平面的艺术中加以立体的分子，其平面亦必缺乏统一性。非现实又不统一的绘画，当然不能绳之以远近法的规则。但在其他方面，这种绘画比较起写实的西洋画，富有诗趣"。这空间加时间的观点已与宗白华所述相似。可惜丰子恺的判断只停留在艺术形式的层面，随后竟然又说："中国艺术中有诗画交流，中国画是综合艺术。然而远近法的错误，总归是错误了，这等美名不能庇护它，我们只能说中国画不讲究远近法，但到底不能说这种错误是应该的或合理的。"①

丰子恺比较了绘画与文学，又比较了中国绘画与西方绘画，也可以说是"艺术通观"了。只是他以西方透视法为准绳，未能把诗中有画、时空合一的艺术意境放到跨中西异质文化的大背景中予以探讨，去揭示其文化哲学的渊源和基础，发掘其空间意识的独特价值，于是，又弹起了"中国画不懂透视法"的老调子。其实，丰子恺并不是一个西方中心主义者，《绘画与文学》中有一篇附录《中国美术的优胜》。由于未能从总体文化考察绘画艺术，中国画较西洋画的优胜之处，说得也不能令人信服。林同华在《宗白华美学思想研究》一书中批评了该文，只是未点明这篇署名婴行的文章是出自丰子恺之手。

---

① 《丰子恺文集》第 2 卷，浙江文艺出版社 1990 年版，第 512 页。

邓以蛰于1935年发表《以大观小》，阐发中国独特的透视法。该文后来汇入了其代表作《画理探微》。邓以蛰是怎样解释中国绘画的透视法的呢?在引述《梦溪笔谈》关于“以大观小”的话后，他解释道：“心既无所限，乃为大；形有所限，斯为小。眼前自然，皆有其形，故自然为小也。以心观自然，故曰以大观小。”①以心灵与自然的关系，来说明中国绘画的透视关系，对古代画论作“哲理之探讨”，邓以蛰确有精深之处。

再让我们来看一看宗白华引过同样一段话后是怎样说的。“沈括以为画家画山水，并非如常人站在平地上在一个固定的地点，仰首看山；而是用心灵的眼，笼罩全景，从全体来看部分，‘以大观小’……这画面上的空间组织，是受着画中全部节奏及表情所支配……而不是服从科学性算学的透视法原理……中国画家并不是不晓得透视的看法，而是他的‘艺术意志’不愿在画面上表现透视看法，只摄取一个角度，而采取了‘以大观小’的看法，从全面节奏来决定各部分，组织各部分……全幅画面所表现的空间意识，是大自然的全面节奏与和谐。画家的眼睛不是从固定角度集中于一个透视的焦点，而是流动着飘瞥上下四方，一目千里，把握全境的阴阳开阖，高下起伏的节奏。”②接下来便谈到音乐、舞蹈、书法，谈到中国人节奏化，音乐化的宇宙观，谈到“一阴一阳之谓道”，南宗北邓，在学术兴趣和学术视野方面还是有着很大的不同。

宗白华关注艺术，是基于“文化批判”的一种选择，他认为艺术植根于物质基础和技术层面，反映社会、政治、经济各方面的意识形态，左邻宗教，右邻哲学，为文化最具体最集中的表现。他的艺术研究，不仅以总体文化为背景，也指向总体文化，最终的目的还是要进行文化批判。

当丰子恺为近代西洋绘画吸收东洋画风，而欢呼“中国美术的优胜”时，宗白华冷静地指出，印象主义、后印象主义虽颇有中国画的意味，而他们所表达的宇宙观仍是西洋的立场，与中国根本不同。有人欲融合中、西画法于一张画面的，结果无不失败，因为没有注意这宇宙立场的不同。这与他《中国的学问家—沟通—调和》一文的观点是一致的。该文认为中国学者有两种嗜好和习惯，即沟通与调和。古代以佛理解释庄子，以孔道充抬佛学，今人拿庄子来

① 《邓以蛰全集》，安徽教育出版社1998年版，第203页。

② 《宗白华全集》第2卷，第421—422页。

包括达尔文,拿佛理来讲康德,而不论其间悬殊,真妄糅杂,使真理连带不得进步。于是他"希望吾国学者打破沟通调和的念头,只要为着真理去研究真理,不要为着沟通调和去研究东西学说"①。

正是为了真理,而不是为了沟通调和来研究中西文化,宗白华才能清醒地认识到中西文化精神各自的优缺点,发出了"中国精神应该往哪里去"以及"西洋精神又要往哪里去"的疑问。甚至在十分钟爱且大力宏扬的中国传统艺术中,他也不避讳其不足。"中国人心灵里并不缺乏他雍穆和平大海似的幽深,然而,由心灵的冒险,不怕悲剧,以窥探宇宙人生的危岩雪岭,发而为莎士比亚的悲剧,贝多芬的乐曲,这却是西洋人生波澜壮阔的造诣!"②

宗白华从总体文化的视野考察具体的艺术问题,又从具体的艺术研究返观总体文化。在他看来,中西艺术各有背景,中西文化各有所长,世界文化的前景和中国文化未来的发展,不是全盘西化,不是东方精神文明加上西方物质文明,也不是中西文化的沟通调和,而是"世界上各型的文化人生能各尽其美,而止于其至善"。③ 这是宗白华文化批判的重要理论贡献。当今中国学界所倡导的、全球化进程中的"和而不同"精神,说的也是这个意思。

2. **跨异质文化的比较研究**

宗白华艺术与文化的双向阐释中,有着深层的中西对比。他将中西艺术和文化彼此对照,相互发明,又以多元化的文化立场为背景,他所从事的,实际上就是我们今天所谓的跨中西异质文化的比较研究。

美学本身就是一门来自西方的学科,必须纳入西方的知识谱系才可以开始研究。中国现代的美学研究者,首先要弄清的是西方美学的学科体系和研究方法,然后才能研究中国的美学,或创立自己的学派。朱光潜是在介绍西方美学理论之际,以中国艺术的经验为参照系,进行选择和融会。他的《文艺心理学》及《谈美》,是在西方美学已有的框架和理论中,揉进自己的东西,即所谓"补苴罅漏,张皇幽渺"。宗白华早年的美学知识结构,与朱光潜的大体相同。他的第一篇美学文章《美学与艺术略淡》中介绍德国 Meunann 的经验美

① 《宗白华全集》第1卷,第114页。
② 《宗白华全集》第2卷,第414页。
③ 《宗白华全集》第2卷,第242页。

学，在大学讲授美学课撰写讲稿《美学》，两者的理论框架与《文艺心理学》及《谈美》的体系十分类似。不过，到了20世纪30年代，他致力于自己的美学创构时，走了一条与朱光潜不同的道路。

宗白华《略谈艺术的“价值结构”》一文开篇写道：“近代美学的开始，是笼罩在实验心理学的方法与观点下面，成为心理学的局部，美感过程的描述，艺术创造与艺术欣赏之心理分析，成为美学的中心事务。而艺术品本身的价值的评判，艺术意义的探讨与阐发，艺术理想的设立，艺术对于人生与文化的地位与影响，这些问题，向来是哲学家与艺术批评家所注意的。现在仍是交给哲学家及艺术批评家去发表意见。”①朱光潜的美学运用心理学的方法，注重美感经验的分析，属于前一种情况；宗白华的美学则注重艺术意境的探讨与阐发，考察艺术对于人生与文化的地位与影响，无疑属于后一种情况。

宗白华也关心美感问题，但与朱光潜不同，他关心的不是美感经验或美感心理结构，而是美感的民族特点或中国人的美感发展史。朱光潜运用美感理论，分析“诗的境界”，是所谓“用西方诗论来解释中国古典诗歌，用中国诗论来印证西方诗论”。宗白华通过中西宇宙观及时空观的比较，阐发“中国艺术意境”，则是为了进行“民族文化底自省”。

比较朱光潜的诗学研究与宗白华的画学研究，我们可以看到两人跨文化研究策略上的不同。在朱光潜那里，虽有中国传统的艺术精神作为内在参照系，但西方理论仍是他评判美和艺术的主要标准。以西方为标准，他发现了中国的许多不足之处：中国没有悲剧，中国长诗不发达，中国缺乏宇宙意识，中国只有诗话而无诗学，等等。他的得意之作《诗论》，正是为克服中国诗话“零乱琐碎，不成系统，有时偏重主观，有时过信传统，缺乏科学的精神和方法”等短处，借鉴西方“谨严的分析和逻辑的归纳”完成的一部“诗学”著作。这种中西对话的诗学，也可以说是一种跨文化的比较诗学。而其具体的策略，实际上是将中国传统的诗歌和诗论纳入西方诗学的体系和话语之中，形成中国诗学的现代转换，使之进入世界诗学的视野。在宗白华那里，虽有西方的文化哲学和生命哲学作为内在参照系，但西方理论并不是他衡量艺术价值的唯一标准，而

① 《宗白华全集》第2卷，第69页。

仅仅是进行比较的参照。通过中西异质性的比较,宗白华认为中西艺术和文化各有优劣,不能用西方思想一统天下,也不能使中国成为未来世界文化的中心。"将来世界美学自当不拘一时一地的艺术表现,而综合全世界古今的艺术理想,融合贯通,求美学上最普遍的原理而不轻忽各个性的特殊风格。"在这样的背景中,"中国的画学对将来的世界美学自有它特殊重要的贡献。"①宗白华比较了中西画法的渊源和基础,比较了中西画所表现的空间意识,进而阐发了中国诗画中所表现的空间意识和中国艺术意境。这种跨文化研究,实际上是一种强调辨异的比较研究,其策略是以多元文化的视野,通过异质性的强调,参与世界不同文化"各尽其美"的全球化进程。朱光潜寻求中西文化的共同规律,宗白华寻求中西文化的异质性,两人共生互补,并行发展,形成了中国现代美学的双峰,同归而殊途,同工而异曲。

如果说朱光潜的思路,类似于鲁迅所谓的"拿来主义",那么,宗白华的思路,在"拿来"之后,更含有"送去主义"的意识。他试图通过自己的研究得出若干中国美学范畴,并以此与西方美学里的诸范畴作比较,观其异同,"以丰富世界的美学内容"②。宗白华没有什么"失语症"的焦虑,也不急着要"重建中国文论话语",但他的想法和做法,实际上已经完成了一种与西方美学不同的中国美学的建构,他的思路、结论和表述方式,也都独具民族特色。林同华回忆说:"我将一本刊有宗先生的《中西绘画的空间意识》的《中国文学》法文版,送给宗先生……许多在外文出版社工作的外国专家都有这样的感觉,宗先生的美学论文,具有浓厚的中国特色,是真正中国化的美学。"③

宗白华也没有明显感到"西方中心主义"的压力,而是主动地考虑到世界文化的多元背景,注意艺术背后的文化因素,从事着一种"跨中西文化的比较研究"。他并没有要创立什么"比较文学中国学派",却自觉地从中西文化的互动和互补之中,发掘"异质性"。他对中国独特的空间意识和中国艺术意境充满了灵性与诗意的阐发,可称典型的"汉语批评"。

中国当代文化研究和文化建设中的一些重要问题,在宗白华那里都有过深邃的思考和精辟的论述。有人谈到西美尔——一位影响过宗白华的德国学

① 《宗白华全集》第2卷,第43页。
② 《宗白华全集》第3卷,第414页。
③ 《宗白华全集》第4卷,第782页。

者时说:“我们中的不少人在社会学理论的旅程中已经发现,西美尔的形象经常出现在接近旅途尽头的地方,我们既沮丧又崇敬地向他致意,因为他正从我们仍在奋力前行想要到达的终点回来了。”①这段话无疑也能用来描述我们今天研读宗白华著作时的感受。

① 成伯清:《格·西美尔:现代性的诊断》,杭州大学出版社 1999 年版,第 2 页。

第十章　从艺境看《流云》

宗白华唯一的诗集《流云》初版于1923年。作为非主流的小诗运动的殿军，这部诗集在中国新诗发展史上的地位并不显赫。除了得到少数诗人和批评家（如梁宗岱）的好评，《流云》在当时及其后的诗坛上似乎没有产生多大影响。宗白华本人对这些诗作却十分珍视，1947年曾以《流云小诗》之名重版，1986年临终前，又将其全部收入文选《艺境》。在该书前言中，宗白华为"飘逝的流云"得以复归而欣喜，希望读者将这些诗当作实践之体验，与那些探究艺境的理论文章合而读之。他说："诗文虽不同体，其实当是相通的。"我们将根据作者本人的这一提示，把他的诗歌创作与美学思想结合起来，一方面试图对《流云》小诗的艺境作些诠释，另一方面也试图通过这种参照对比，深化对宗白华艺境美学的理解。

第一节　《流云》的意象

宗白华曾说："艺术的艺境要和吾人具相当距离，迷离惝恍，构成独立自足，刊落凡近的美的意象，才能象征那难以言传的深心里的情和境。"①要阐释《流云》小诗的艺境，便应由意象入手。宗白华创作诗歌时，注重意象的营构，是十分显然的。他在一首小诗中这样写道："啊/诗从何处寻？——/在细雨

① 《宗白华全集》第2卷，第408页。

下，点碎落花声！/在微风里/（载）来流水音！/在蓝空天末/摇摇欲坠的孤星！”宗白华的诗很少有当时诗坛流行的简单说理和直白抒情，而多以客观的自然景物来表现主观的生命情调。《流云》小诗中频繁出现的云、星、月、蓝空、大海、宇宙、音乐、梦、镜……既不是纯粹客观的自然物，也不是作为比喻的自然物，而是渗透了生命情调的活泼玲珑的意象。

下面，我们就宗白华诗中最具代表性的“云”意象，做尽可能详尽的个案分析。

云是古今中外诗人偏爱的意象之一。在中国，“闲云野鹤”历来是高人逸士的人格表征，而“去留无意，看天上云卷云舒”更成为士人洒落胸襟的写照。宗白华将自己唯一的诗集取名“流云”，也说明了他的这种意趣。翻开这部诗集，云、流云、白云、晓云、愁云、云波等词语频频出现。宗白华不仅继承了云意象的传统内涵，还赋予这一意象以新的生命情调，使之成为其自身人格精神的写照。甚至可以说，宗白华与流云，已经成了一对密不可分的组合，一组固定的搭配。

还是让我们从《流云》诗集的第一首诗说起。“理性的光/情绪的海/白云流空/便是思想片片/是自然伟大么？/是人生伟大呢？”就诗艺而言，这首小诗并无突出之处。宗白华最初在杂志上发表的一组小诗，以及后来编选出版的《流云》诗集，都以此诗开篇，想来由于其中“白云流空，便是思想片片”一句，正是所谓“流云”意象的出处。作者是将这首小诗当作《流云》小诗总序来看的。

宗白华为什么会在创作伊始就选择并确定了流云意象呢？这又要追究他写诗的缘起。在《时事新报·学灯》发表《流云》小诗第一组作品的题记中，宗白华写道：“读冰心女士繁星诗，拨动了久已沉默的心弦，成小歌数首，聊寄共鸣。”①接下来第一首诗便是我们刚才所引的那首。翻开冰心的《繁星》，我们看到其最后两首是这样的“一六三：片片的云影也似零碎的思想么？/然而难将记忆的本儿/将它写起。/一六四：我的朋友！/别了/我把最后一页/留与你们！”冰心诗中有“片片”、“云”、“思想”，宗白华的那首小诗里也用了这几个词。云如思想这个比喻来自冰心，是不成问题的。冰心又说自己暂且搁笔，你

---

① 《宗白华全集》第1卷，第333页。

们可以接着写,宗白华便真的由此开始了小诗创作。他说的“拨动心弦”以及“聊寄共鸣”,也正暗示着这两部小诗运动代表作之间的承接关系。

在《流云》小诗中,除流云意象外,繁星也是最常见的意象之一。宗白华有时还将云的意象和星的意象并列起来,如《赠童时女友》:“她们么?/是我情天底流星/倏然起灭于蔚蓝空里。/唯有你/是我心中的明月/清光长伴我碧夜的流云。”还有一首未收入《流云》诗集的《夜中的流云》,第一节写道:“流云啊!流云!/天宇寥阔,天风怒吼。/你一刻不停地孤飞/是要向黑暗么?/要向光明呢?/满天的繁星/燃着无数情爱的灯/指点你上晨光的道路了!”这里的“流星”、“繁星”不一定与《繁星》诗集有关,“流云”却无疑是在自喻。

宗白华的流云意象,当然不可能仅仅源自冰心的一个比喻。在接触《繁星》之前,宗白华对云的偏爱早已有之。这还可以追溯到他童年记忆:“我小时候虽然好玩耍,不念书,但对于山水风景的酷爱是发乎自然的。天空的白云和覆成桥畔的垂柳,是我孩心最亲密的伴侣。我喜欢一个人坐在水边石上看天上白云的变幻,心里浮着幼稚的幻想。云的许多不同的形象动态,早晚风色中各式各样的风格,是我童心里独自玩耍的对象。都市里没有好风景,天上的流云,常时幻出海岛沙洲,峰峦湖沼。我有一天私自就云的各样境界,分别汉代的云、唐代的云、抒情的云、戏剧的云,等等,很想做一个‘云谱’。”①儿童时代是人格心理形成的关键。不仅是弗洛伊德,一般心理学家都认为,童年体验的记忆,对文学艺术家来说就更为重要。童年时的一件小事,可能会无形地渗透在他一生的创作活动中,在他整个的艺术生涯中留下不可磨灭的影响。宗白华小时候对云的喜爱,想做“云谱”的愿望,无疑是他后来诗作中诸多云意象的发源之端。冰心《繁星》中的“片片的云影”,不过是触发了宗白华沉睡的童年记忆,或者说,使他朦胧的记忆成了清醒的意识。

宗白华云意象的自觉,是与他诗歌创作的爆发期同时开始的。那段时间写的诗,无论《流云》集内还是集外的,常有云意象的出现,是很自然的事。可在此之前和之后,宗白华偶尔为之的几首诗中,我们仍能看到云意象。并且,仅存的六首诗中,云字竟出现六次之多。《游东山寺》二首中有“叠叠云岚烟

① 《宗白华全集》第2卷,第149页。

树杪”和“一代风流云水渺”;《别东山》中有“回头忽见云封堞”;《赠一青年僧人》中有“云履月黑三千界”;《柏溪夏晚归棹》中有“云峥漏夕晖”;《生命之窗的内外》中有“白云在青空飘荡”。看来对云的偏爱,已在宗白华的心中形成了一个挥之不去的情结,不论是有意识还是无意识,云总是他诗歌想象中不可缺少的成分。

云激发诗人的想象,成为他情感的寄托,这在中国诗歌史上有着悠久的传统。法国汉学家桀溺《云之诗学纲要》一文提到《诗经》里有支配善行的“云”,《楚辞》里有象征遁世和沮丧的“云”,《庄子》里有代表永生的“云”,《古诗十九首》里有蔽日的“云”,以及《陶渊明集》里有归隐的“云”。该文谈到的马莉雅·罗厄的《陶渊明诗歌创作中云的主题》,还认为陶诗中云的主题在后来唐诗,尤其是王维那里得到了充分的发挥。① 宗白华的小诗接受了唐人绝句,像王、孟、韦、柳等人的影响,《我和诗》一文中有明确的承认。他还提到“行到水穷处,坐看云起时”,是他常挂口边的名句。这便将他自己诗中的云与王维及唐诗中的云挂上了钩。

宗白华在《中国诗画中所表现的空间意识》那篇著名的文章中,为说明中国人于有限中见到无限、又于无限中回归有限的回旋往复的意趣,一气列举了唐代四位诗人的名句。王维诗曰:“行到水穷处,坐看云起时。”韦庄诗曰:“去雁数行天际没,孤云一点净中生。”储光羲诗曰:“落日登高屿,悠然望远山,溪流碧水去,云带清阳还。”杜甫诗曰:“水流心不竟,云在意俱迟。”令人惊异的是,这里的每句诗里都带一个“云”字,不知宗白华本人是否意识到这一点。当然,这种选择不论出于自觉还是不自觉,宗白华对唐诗中云意象的熟悉,是毋庸置疑的。此外,这些诗句中云所展示的意趣,与《流云》小诗的意趣完全相同。这也为《流云》创作受唐诗影响,提供了具体的例证。

宗白华的流云意象,与西方诗歌,如歌德等人的诗歌似乎没有什么直接的联系。但西方诗歌从古希腊浪漫派、象征派,也存在着写云的传统。这里仅举波德莱尔一例,《巴黎的忧郁》第一首《陌生人》,是一首广为流传的名作。其最后两句是:“——哎呀! 你究竟爱什么呀? 你这个不同寻常的陌生

---

① 桀溺:《云之诗学纲要》,《欧洲中国古典文学研究名家十年文选》,江苏人民出版社1998年版,第47—49页。

人！/——我爱云……过往的浮云……那边……那边……美妙的云！”①宗白华当时是否读过《陌生人》，不得而知。但他与这个“陌生人”不正是有几分神似吗？而那“过往的浮云”不正是“流云”吗？

比较宗白华的云意象，与古今中外诗人的云意象的异同，或追究到中外诗歌史上的云原型，是另外一回事了。还是看看宗白华诗歌文本中的云意象究竟包蕴着哪些内涵吧。

（1）云激活了诗人的思想

《人生》说：“白云流空，便是思想片片。”云本无所谓思想，它激起了诗人丰富的联想，才会成为“思想片片”。生活中，人们往往为日常琐事所缠绕，为利害得失所拖累，斤斤计较，匆匆忙忙。如果能静下心来，暂且抛却眼前的困扰，注视一下天空中悠闲的流云，你也会浮想联翩。这时，想象力会非常活跃，灵感也会不期而至。宗白华当时一定经常处在这样的情境之中，《星河》中说：“我愿听，白云流空的歌声。”《筑室》中又说：“白云与我语。”诗人不仅凝望着流云，还能聆听白云流空的无声音乐，能与云相对絮语，人与云之间形成了一种默契的思想交流。

（2）云作为诗人情感的寄托

《流云（月落了）》中说：“悲歌些什么！惆怅些什么！白云也无穷，流水也无穷，还怕你的一寸情怀，无所寄托么？”诗人要排解内心的悲哀与惆怅，试图寄情于白云与流水。然而，大自然的景象真的能带给他解脱吗？《德国东海溪上散步》中说：“白云浩无穷，我心亦茫茫。”云作为诗人情感的对应物，很多情况下，只能是心灵的投影。内心的惆怅投射到云上，于是，我看到《月底悲吟》中的：“青山额上，罩满愁云，默默对我无语。”《诗人》中又有：“绝代的天才，从人生的愁云中，织成万古诗歌。”古人说，举杯消愁愁更愁；在宗白华这里，可以说借云消愁愁更愁了。当然，这个作为诗人情感对应物的“愁云”意象，并不是宗白华的独创，在他的诗作中也不占重要的位置。真正体现宗白华精神的，还应是那个“流云”意象。

（3）云体现着一种生命精神

《生命的流》中说：“我生命的流，是海洋上的云波，永远地照见了海天的

---

① 波德莱尔：《巴黎的忧郁》，亚丁译，漓江出版社1982年版，第5页。

蔚蓝无尽。”这里的云意象不是很突出，但把云与生命联系在一起，却很显然。流云的人格化，在宗白华诗中也是经常出现的。有时“流云”是“我”，如《赠童时女友》：“唯有你，是我心中的明月，清光长伴我碧夜的流云。”有时“流云”是“你”，如《夜中的流云》：“流云啊！流云！天宇寥阔，天风怒吼。你一刻不停地孤飞，是要向黑暗么？要向光明呢？”有时“流云”是“他”，如《信仰》：“我信仰流云，如我的友！”在这些早期的诗作中，“流云”意象的涵义比较含混，比较模糊。但到诗人后来写《生活之窗的内外》时，“流云”所体现的生命精神便清晰地凸显了：“白云在青空飘荡，人群在都会匆忙！”这在青空中飘荡的白云，无心无迹，悠闲逍遥，与匆忙的人群形成鲜明的对照。这正是宗白华推崇的一种生存境界，也正是他作为美学散步者的人格写照。在这里，宗白华重返了古代高人逸士“闲云野鹤”的传统和李白诗中的境界：“闲云随舒卷，安识身有无。”

这在青空中舒卷自如的流云，不仅是古代文人的人生理想，也是关系到现代美学的一个深刻命题。在《美学散步·序》中，李泽厚引了《生命之窗的内外》的诗句后深刻地指出：“‘在机器的节奏’愈来愈快速、‘生活的节奏’愈来愈紧张的异化世界里，如何保持住人间的诗意、生命、憧憬和情丝，不正是今日在迈向现代化社会中值得注意的世界性问题么？不正是今天美的哲学所应研究的问题么？宗先生的《美学散步》能在这方面给我们以启发吗？我想，能的。”①的确，宗白华的美学始终是对这一命题的阐释，他整个的一生也在实践着这一理想，我们今天不能忘怀“流云”的意象，不能忘怀宗白华散步者的形象，不正是由于其中体现的生命精神的感召吗？

第二节　《流云》的意境

意象与意境这两个概念，在中国美学和文艺中，是古已有之的。不过，意象论在中国古代并不像今天这样显著，只是由于西方意象论的引入，我们才对传统作了重新的发掘。意境论从古至今却一直处在话语中心。佛家境界说，唐宋以来诗论画论中的意境说，直到现代王国维、宗白华的诗学、美学，可谓一

① 李泽厚：《美学散步·序》，转引自《美学散步》，上海人民出版社1981年版，第4页。

脉相承。意象论里西方式的分析思维多一些，意境论里中国式的感悟思维多一些。说意象时，可操作性很强，能够分析得很细；说意境时，连一个严格意义上的定义都没有。王国维说意境，只是在概念的外围打圈子。宗白华说意境对概念也没有明确的界定，只是在不同的场合有侧重点各不相同的描述。

在此，我们从宗白华对意境的众多描述中选择那句经常被人引用的话："一个充满音乐情趣的宇宙（时空和一体）是中国画家、诗人的艺术境界。"①这句话也被认为是宗白华对艺术意境所作的独到的、原创性的阐释。下面，我们就这句话中的几个关键词，展示《流云》小诗的意境，并考察其中是怎样早就孕育和预示了作者后来成熟期的美学思想的。

1. 时空

"时空合一体"是宗白华美学最重要的一个命题。其理论价值应在巴赫金的"时空体"之上，惜未被国外美学和文艺学界接纳。有关宗白华时空学说的具体内容，本书其他章节有详尽的论述，不再赘言。

宗白华对时空问题的关注，始于其学术生涯起步之初。据《少年中国学会回忆点滴》记载，在学会筹备期间的学术谈话会上，宗白华"谈过一次康德的空间时间唯心说大意"。这便是后来刊登在《晨报·哲学丛谈》上的《康德唯心哲学大意》和《康德空间唯心说》。后一篇题中"空间"的"间"字，疑为"时"之误。因该文从始至终空间与时间是并称的。宗白华学术生涯与王国维相同，是从研读康德开始的。王国维说他第一次读康德的《纯粹理性批评》，"至'先天分析论'，几全不可解，更辍不读"②。宗白华这两篇文章介绍的康德学说，也正是该书"先验分析"之前的"先验感性论"部分。

如果说宗白华对康德"先验感性论"中空间时间论证的概述，是他对时空意识发生兴趣的开始，那么，后来《形上学》笔记中，中西哲学的时空观便成了他比较研究的核心和主线。《周易》的鼎卦和革卦以及律历哲学，也在时空范畴下得以新的阐发。借助这些研究成果，宗白华在《中国文化的美丽精神往哪里去?》、《艺术与中国社会》、《中国诗画中所表现的空间意识》等文章里，从

① 《宗白华全集》第2卷，第431页。

② 王国维：《静庵文集》，辽宁教育出版社1997年版，第25页。

时空观的角度，对中国艺术意境及其文化哲学基础作了精辟的论述。宗白华对自己时空研究的心得十分珍视，50年代尚写有《中国古代时空意识的特点》、《道家与古代时空意识》等手稿。只是当时美学界的关注集中在“美是什么”这类的问题上，时空问题没人感兴趣，宗白华的这些文章也未发表。

宗白华“终生情笃于艺境之追求”，而对时空观的探讨应是他“艺境之追求”的重点之一。除了其“理论的探究”，在他的诗歌创作中，我们能否看到有关时空意识的“实践之体验”呢？《流云》诗集中恰好有这样两首关于时间和空间的诗：

《夜》：黑夜深/万籁息/远寺的钟声俱寂。/寂静—寂静—微妙的寸心/流入时间的无尽！

《晨》：夜将去。/晓色来。/清冷的蓝光/进披椅席。/剩残的庭影/遁居墙阴。/现实展开了。/空间呈现了/眼儿大明/心儿大暄。/森罗的世界/又笼罩了脆弱的孤心！

这两首诗最初同时在报上发表时前有小序：“一切感觉皆易写，时空的感觉不易写。今借‘夜’‘晨’二境试写之。”①而《夜》中有“流入时间的无尽”，《晨》中有“空间呈现了”。两首诗的意境合起来，便是对时空的体验。

这体验在宗白华的小诗创作中具有非常典型的意义。《我和诗》一文中追忆《夜》与《晨》写作背景时写道：“往往是夜里躺在床上熄了灯，大都会千万人身归于休息的时候，一颗战栗不寐的心兴奋着，静寂中感觉到窗外横躺着的大城在喘息，在一种停匀的节奏中喘息，仿佛一座平波微动的大海，一轮冷月俯临这动极而静的世界，不禁有许多遥远的思想来袭我的心，似惆怅，又似喜悦，似觉悟，又似恍惚。无限凄凉之感里，夹着无限热爱之感。似乎这微妙的心和那遥远的自然，和那茫茫的广大的人类，打通了一道底下的深沉的神秘的暗道，在绝对的静寂里获得自然人生最亲密的接触。我的《流云》小诗，多半是在这样的心情中写出的……《夜》与《晨》两诗曾记下这黑夜不眠而诗兴勃勃的情景。”②

我们可以将《夜》与歌德的《流浪者之夜歌》作个比较。宗白华在《歌德之

① 《宗白华全集》第1卷，第340页。

② 《宗白华全集》第2卷，第155页。

人生启示》中将这首名作翻译如下："一切山峰上/是寂静/一切树梢中/感不到/些微的风；/森林中众鸟无音。/等着罢，你不久，/也将得着安宁。"对这首诗，宗白华有如下评论："歌德是个诗人，他的诗是给予他自己心灵的烦扰以和平以宁静的。但他这位近代人生与宇宙动象的代表，虽在极端的静中仍潜示着何等的鸢飞鱼跃！大自然的山川在屹然峙立里周流着不舍昼夜的消息。"①《夜》的前半部分与《流浪者之夜歌》的前半部分意境完全相同。而歌德诗后一句中的"安宁"，宗白华认为是静中有动，是"周流着不舍昼夜的消息"。"不舍昼夜"出自《论语》："子在川上曰，逝者如斯夫，不舍昼夜。"孔子所感叹的正是"时间"。这与宗白华诗的后一句"微渺的寸心，流入时间的无尽"，便相通了。

《夜》是在空间的寂静中体验时间的绵延，《晨》则是在时间的推移中体验空间的澄明。随着光线的变化，现实展开了，空间呈现了，世界显露了它的森严与秩序。两首诗合而观之，在空间中感觉时间，在时间中感觉空间，这就是所谓"时空合一"。在时空合一中，"微渺的心和那遥远的自然，和那茫茫的广大的人类，打通了一道地下的深沉的神秘的暗道，在绝对的静寂里获得自然人生最亲密的接触"。那"神秘的暗道"，原来是一条"时空隧道"。

2. 宇宙

上下四方为宇，古往今来为宙。宇宙实际上也就是一个"时空合一体"。宗白华对中国传统的宇宙观有过这样的解释："中国人的宇宙概念本与庐舍有关。'宇'是屋宇，'宙'是由'宇'中出入往来，中国古代农人的农舍就是他的世界。他们从屋宇得到空间观念。从'日出而作，日入而息'（《击壤歌》），由宇中出入而得到时间观念，空间、时间合成他的宇宙而安顿着他的生活。"②在另一个场合，宗白华还从字源学上解释了"世界"这个词。"世"即时间，"界"即空间。③ 这样，时空观、宇宙观、世界观，在宗白华那里就是一回事了。

宗白华的"艺术境界"说不同于王国维的"境界"说、朱光潜的"诗的境界"说，除覆盖面超出了诗或文学的范围，还在于其中包含了后两者没有的宇

① 《宗白华全集》第2卷，第22页。
② 《宗白华全集》第2卷，第431页。
③ 《宗白华全集》第2卷，第475—476页。

宙意识。由时空观到宇宙意识，宗白华的"艺境"便进入了形而上的层面，将人生、文化、自然与宇宙融会贯通了。艺术境界有了它不同一般的深度、高度、阔度，不仅仅是自然和人生的表现，用宗白华自己的话说："艺术的境界，既使心灵和宇宙净化，又使心灵和宇宙深化，使人在超脱的胸襟里体味到宇宙的深境。"①

宗白华最初关注宇宙意识，是在《三叶集》通信中。他提到想写一篇《德国诗人歌德的人生观和宇宙观》，还谈到德国哲学中的"宇宙诗"、"大宇宙"、"小宇宙"等概念。可终因"宇宙观"部分没有吃透而辍笔。十余年后完成的《歌德的人生启示》，也是对宇宙观一笔带过，而专论人生观的。当然，多年来宗白华一直没有放弃对宇宙意识的关注和思考。其间创作的《流云》小诗中，我们可以看到一些试图体味"宇宙的深境"的作品：

《解脱》：心中无限的幽凉/几时才能解脱呢?！/高楼底月，照我床上。/笛声远远吹来/月的幽凉：心的幽凉/同化入宇宙的幽凉了！

《宇宙的灵魂》：宇宙的灵魂/我知道你了/昨夜蓝空的星梦/今朝眼底的万花。

《断句》：心中的宇宙/明月镜中的山河影。

《宇宙的诗》：宇宙的诗/他歌了千百万年/只是自己听着。

《流云（城市的声）》：城市的声/渐渐歇了。/湖上的光/远远黑了。/灯儿息了/心儿寂了/满天的繁星，缤纷灿着/听呀！听他们要奏宇宙底音乐了。

《流云（宇宙）》：宇宙的核心是寂寞/是黑暗/是悲哀。/但是/他射出了/太阳的热/月亮的光/人间的情爱。/我爱朦胧/我尤爱朦胧的落日。/落日的朦胧中/我与宇宙为一。

在这些诗中，宗白华力求超越自然景物的形而下层面，探寻其形而上的宇宙意识，这种努力是显然易见的。只是由于当时宗白华对中国人的宇宙意识缺乏深切的领悟，这些诗的意境不免空泛而多留外来痕迹。

当然，对于诗歌、特别是中国诗歌中的宇宙意识问题，一直存在着不同的意见。梁宗岱与朱光潜在巴黎讨论中国诗的宇宙意识，朱以为能列举的作品

① 《宗白华全集》第2卷，第373页。

只有陈子昂《登幽州台歌》、李白《日出入行》等寥寥数首。闻一多写《唐诗杂论》,也只谈到张若虚《春江花月夜》中的宇宙意识。一般认为,中国人过多地偏向世俗关怀,很少能真正体验到宁宙意识的超验境界。

可在宗白华看来,问题不在于是否有宇宙意识,而在于有怎样的宇宙意识。他一方面通过诗歌创作去实践形而上的宇宙关怀;一方面通过大量中西艺术、哲学、文化的比较研究,去发掘中国文化传统中独特的宇宙意识。前一方面的努力尚欠成熟;后一方面的努力则使之终于在 20 世纪 40 年代形成了独树一帜又自成体系的“艺境”理论。

3. 音乐

宗白华认为艺术境界中的宇宙是“一个充满音乐情调的宇宙”。他又说:“我们的宇宙是时间率领着空间,因而成就了节奏化、音乐化了的‘时空合一体’。”①揭示宇宙意识中的音乐性,是宗白华美学的又一发明。在《流云》小诗中。我们也可以看到这样的诗句:“听呀!听他们要奏宇宙底音乐了。”“晨光!晨光!你携着宇宙的音乐来了。”他还说:“歌德生平最好的诗,都含蕴着这大宇宙潜在的音乐。”②这些地方,音乐和宇宙都是连在一起的。那么,何谓“宇宙的音乐”?音乐与宇宙到底有何关系呢?

在《哲学与艺术》一文里,宗白华讨论了古希腊的宇宙观。在希腊语中“宇宙”一词包含着“和谐、数量、秩序”等意义。毕达哥拉斯以“数”为宇宙的原理。当他发现音之高度与弦之长度成整齐的比例时,他感到自己掌握了宇宙的秘密:一面是“数”的永久定律,一面则是至美和谐的音乐。宗白华对此不以为然。他写道:“但音乐不只是数的形式的构造,也同时深深地表现了人类心灵最深最秘处的情调与律动,音乐对于人心的和谐、行为的节奏,极有影响……音乐是形式的和谐,也是心灵的律动。一镜的两面是不能分开的。心灵必须表现于形式之中,而形式必须是心灵的节奏,就同大宇宙的秩序定律与生命之流动演进不相违背,而同为一体一样。”③宗白华在此用和谐、节奏、律动,将音乐、宇宙、生命视为同一体了。

---

① 《宗白华全集》第 2 卷,第 437 页。
② 《宗白华全集》第 2 卷,第 23 页。
③ 《宗白华全集》第 2 卷,第 620、54 页。

宗白华这样说是经过深思熟虑的。在《形上学》笔记中，他通过中西哲学的比较得出这样的判断："中国则重在中和序秩之音乐性，毕氏则欲以数解释音乐，化音乐为数的秩序。""西洋科学的真理以数表之。中国生命哲学之真理唯以乐示之！"①中国哲学中"音乐的真理"就是"乐德"、"乐教"，是《论语》中"兴于诗、立于礼、成于乐"的乐；是《礼记》"礼者天地之序也。乐者天地之和也"的乐。宗白华说："中国人感到宇宙全体是大生命的流行，其本身就是节奏与和谐。人类社会生活里的礼和乐，是反射着大地的节奏与和谐。"②又说："中国民族很早就发现了宇宙旋律及生命节奏的秘密，以和平的音乐的心境爱护现实，美化现实。"③中国人到底怎么做的呢？"古人拿音乐里的五声配合四时五行，拿十二律分配于十二月（《汉书·律历志》），使我们一岁中的生活融化在音乐的节奏中，从容不迫而感到内部有意义有价值，充实而美。"④这便是所谓"律历融通"的精髓了。

在宗白华看来，音乐的和谐与节奏是关键所在。艺术、人生、自然、宇宙在音乐化中融为一片大和谐。《流云》小诗中的一些作品也为我们描绘了这样的境界：

《小诗》：生命的树上/凋了一枝花/谢落在我怀里，/我轻轻的压在心上。/她接触了我心中的音乐/化成小诗一朵。

音乐就是生命的律动。它既是诗人心灵的律动，也是大自然（花）的律动，是艺术（小诗）的律动。正是这音乐，把心与物统一于艺术之中。

《情海的音波》：水上的微波/渡过了隔岸的歌声。/歌声荡漾/荡着我的寸心/化成音乐的情海。/情海的音波/充满了世界。/世界摇摇/摇荡在我的心里。

"微波"是自然，"歌声"是艺术，"寸心"是心灵。这一切都融会在"音乐"之中。而这"音乐"又"充满了世界"，"世界"又"摇荡在我的心里"。诗人的心灵与世界完全合二为一，通过音乐，进入了宇宙生命全体和谐的境界。

---

① 《宗白华全集》第1卷，第589页。
② 《宗白华全集》第2卷，第413页。
③ 《宗白华全集》第2卷，第402页。
④ 《宗白华全集》第2卷，第401页。

第三节 《流云》的意蕴

宗白华的艺境美学不仅是“带着情感感受的直观把握”，其中更有深邃的哲学思辨。这一点已逐渐为学界所普遍认识。《流云》小诗呢？仅仅是“实践之体验”，就没有深入的理性思考吗？事情恐怕并不那么简单。下面的考察将说明，即使在那些灵感一闪的小诗中，也包含着深厚的文化哲学意蕴。

1. 泛神论、精神原子论与天人合一

先来看一首小诗：

《信仰》：红日初生时/我心中开了信仰之花/我信仰太阳/如我的父！/我信仰月亮/如我的母！/我信仰众星/如我的兄弟！/我信仰万花/如我的姊妹！/我信仰流云/如我的友！/我信仰音乐/如我的爱！/我信仰/一切都是神！/我信仰/我也是神！

读这首诗，我们立刻会想到“泛神论”——这一在“五四”前后的中国颇有影响的西方哲学思想。宗白华与郭沫若在《三叶集》通信中，对泛神论还有过一番讨论。

宗白华当时正预备写《歌德的人生观与宇宙观》，想在文中说明诗人的宇宙观以泛神论为最适宜。因刚经手在《时事新报·学灯》上发表了郭沫若的《三个泛神论者》，便在信中请他做几首诗说明诗人与泛神论的关系，用作论歌德文章前面的引子或后面的结尾。郭沫若的回信对宗白华称歌德为泛神论者的观点大表同情。至于说明诗人与泛神论关系的诗，郭沫若没有做，只是推荐了泰戈尔英译的印度古代诗人加皮尔诗集，并抄了李白的《日出入行》。郭沫若称赞李白此诗体现的是“我与天地并生，与万物为一”，是“本体即神，神即万汇”。

“本体即神，神即万汇”是泛神论的精髓，“我与天地并生，与万物为一”是中国传统思想中的物我合一论。郭沫若将两者并称，是以泛神论来解读中国思想，还是以中国思想去理解泛神论？仔细查来，恐怕还是后者。

泛神论是一种无神论，或称羞羞答答的无神论。斯宾诺莎既否定超自然的人格化的神，又试图克服笛卡尔的心物二元论。他所谓的神，即本体（实体），即自然。中国儒家谈天、天命、天道，最初也涉及人格神，后与之脱离，而转向自然。道家所谓道，即自然，而非人格神，但庄子也谈“造物者”，说“真宰”，因而带有浓厚的泛神论色彩。宗白华在说“泛神论最适合做诗人的宇宙观”时，是否也意识到泛神论与中国思想的相通之处？或者与郭沫若一样，几乎是出于本能地以中国传统的天人合一论来理解西方的泛神论。

在《信仰》这首诗里，出现频率最高的不是“神”，而是“我”。太阳如我的父，月亮如我的母，众星如我的兄弟，万花如我的姊妹，流云如我的友，音乐如我的爱。这是万物归于神，还是万物归于我？虽然有“一切都是神”，但当“我也是神”时，我也就是“一切”了。这是泛神论，还是物我合一论？或许是在泛神论的外表下，渗入了物我合一的因素？

宗白华后来写《歌德之人生启示》时，一方面将歌德称为“近代泛神论信仰的一个伟大代表”，一方面又以莱布尼兹的精神原子论来阐释歌德的宇宙观。莱布尼兹反对斯宾诺莎的实体（本体），认为世界万物是由与灵魂一样的精神实体“原子”构成的，原子是构成宇宙万物的单元，并且每个原子都表象全宇宙。宗白华说：“宇宙是无数活跃的精神原子。每一个原子顺着内在的定律，向着前定的形式永恒不息的活动发展。以完成实现他内潜的可能性，而每一个精神原子是一个独立的小宇宙，在他里面像一面镜子反映着大宇宙生命的全体。歌德的生活与人格不是这样一个精神原子么？”①

“每一个精神原子是一个独立的小宇宙，在他里面像一面镜子反映着大宇宙生命的全体。”这句话可以与《流云》诗集中的一首诗相对照：

《深夜倚栏》：一时间/觉得我的微躯/是一颗小星/莹然万星里/随着星流。/一会儿/又觉着我的心/是一张明镜，/宇宙的万星/在里面灿着。

一颗小星就是一个精神原子，是一个小宇宙。宇宙的万星就是整个大宇宙。这首小诗可以说是精神原子论宇宙观的翻版。但谁又能否认这首小诗也体现着心灵与宇宙合一、物我合一、天人合一的中国传统的宇宙观呢？

当然，无论是“本体即神、神即万汇”的泛神论，还是“小宇宙、大宇宙”的精神原子论，对宗白华诗歌创作的影响只有极个别的例子。《流云》小诗绝大多数体现的仍是“我与天地并生，与万物合一”的中国式的宇宙观。请看下面

① 《宗白华全集》第2卷，第7页。

几首诗:

《世界的花》:世界的花/我怎忍采撷你?/世界的花/我又忍不住要采得你!/想想我怎能舍得你,/我不如一片灵魂化作你!

“采你”或“不采你”,都是主客二分的,“化作你”便是天人合一了。

《晨兴》:太阳的光/洗着我早起的灵魂。/天边的月/犹似我昨夜的残梦。

以宗白华自己的话来解诗,前一句是改造我们的感情,使它能够发现美,这唤做“移我情”;后一句是改变着客观世界的现象,使它能够成为美的对象,这唤做“移世界”。我与世界相推移,我在世界中,世界在我心里。

《筑室》:我筑室在海滨上/紫霞作帘幕/红日为孤灯。/白云与我语/碧月照我行。/黄昏倚坐青石下/蓝空卷来海潮音!

诗人以海天为庐,以云月为伴,静听着海潮音。《妙法莲花经》上说:“梵音海潮音,胜彼世间音。”诗人是在倾听宇宙的音乐,是以心灵的节奏去体合宇宙生命的节奏,而进入物我无间、天人合一的境界。

2. 唐人诗境与华严佛理

宗白华谈到自己小诗创作承继的传统时说:“唐人的绝句,像王、孟、韦、柳等人的,境界闲和静穆,态度天真自然,寓秾丽于冲淡之中,我顶喜欢。后来我爱写小诗、短诗,可以说是承受唐人绝句的影响,和日本的俳句毫不相干,泰戈尔的影响也不大。”①这里说唐人绝句的影响,不仅是小而短的形式,也是闲和静穆、天真自然的冲淡境界。另一段话可作补充:“有一天我在书店里偶然买了一部日本版小字的王、孟诗集,回来翻阅一过,心里有无限的喜悦。他们的诗境,正合我的情味,尤其是王摩诘的清丽淡远,很投我那时的癖好。”②这“清丽淡远”正是《流云》小诗中大多数作品所呈现的风格。说宗白华的小诗受唐人绝句的影响,似乎不如说受唐人诗境的影响更为准确。

然而,唐人的诗境并不完全以王、孟、韦、柳为代表。宗白华自己也十分清楚这一点。他曾写过《唐人诗歌中所表现的民族精神》一文,推崇唐人的豪迈

① 《宗白华全集》第2卷,第151页。

② 《宗白华全集》第2卷,第151页。

与激情，又说："李、杜境界的高、深、大，王维的静远空灵，都植根于一个活跃的、至动而有韵律的心灵。承继这心灵，是我们深衷的喜悦。"①事实上，我们在《流云》小诗中看到的并非"高、深、大"，而是"静远空灵"。尽管宗白华曾自我辩解道："我并不完全是'夜'的爱好者，朝霞满窗时，我也赞颂红日的初生。我爱光，我爱美，我爱力，我爱海，我爱人间的温暖，我爱大群众里千万心灵一致紧张而有力的热情。"②他的小诗中，"红日初生"之类壮观豪迈的意象，还是远远少于"夜"之类静谧和平的意象。

在理性认识上，宗白华明白空灵和充实是艺术精神的两元，中国文艺在空灵与充实两方面都曾尽力，达到极高的成就。在感性实践上，他仍然偏向空灵的一面。这一选择，实际上也是司空图、严羽、王士祯的选择，是中国传统以道释为主导的文艺观浸淫之深的必然结果。

陶、王、孟、韦的诗境与禅境相通，宗白华对禅境有深刻的同情，这都是不言自明的。下面，我们要探讨的则是来自佛教的另一种境界——华严境界——的影响。

如果说禅宗对宗白华小诗的影响，我们只能在《筑室》那样的作品中看到一点影子；华严宗的影响，却有诗人白纸黑字的"供状"："秋天我转学进了上海同济，同房间里一位朋友，很信佛，常常盘坐在床上朗诵《华严经》。音调高朗清远有出世之概，我很感动。我欢喜躺在床上瞑目静听他歌唱的词句，《华严经》词句的优美，引起我读它的兴趣。而那庄严伟大的佛理境界投合我心里潜在的哲学的冥想。我对哲学的研究是从这里开始的。庄子、康德、叔本华、歌德相继地在我的心灵的天空出现，每一个都在我的精神人格上留下不可磨灭的印痕。"③宗白华曾以佛理去讲康德、叔本华，那佛理原来是华严宗的理论！

华严宗与禅宗是佛教本土化最重要的两个宗派。它们在隋唐佛学中的地位相当于宋明时期的理学与心学。只是后来华严宗沉寂了，研究的人不多，禅宗却大行其道，知道的人不少。宗白华同时兼收华严宗与禅宗，不仅慧眼独具，而且意义深远。近来，刘纲纪撰文论及唐代华严宗与美学及王维诗歌的关

---

① 《宗白华全集》第 2 卷，第 374 页。

② 《宗白华全集》第 2 卷，第 155 页。

③ 《宗白华全集》第 2 卷，第 450—451 页。

系。他认为唐代佛教宗派中，对文艺与美学发生最为直接而重要的影响是华严宗和禅宗，而不仅仅是禅宗。而华严宗的"曦光流采"、"舒卷自在"、"重重无尽"、"圆融无碍"，等等，正是唐代文艺体现的韵味与风神。盛唐精神可以说是集中地反映在华严宗的思想中。他还认为王维在佛学义理上，由华严而南禅，两者有前期后期之分，但又是兼容的。所以王维诗歌"空而静"的禅中仍然显出清新明丽的色相和生机，不像中晚唐不少表现禅境的诗人那样一味追求冷寂凄清的意味。① 这些都是非常准确的判断。刘纲纪对王维诗的评语，也可用在《流云》小诗上。此外，宗白华迷上王维诗与迷上《华严经》是在同一时期，这是否可以暗示王维诗境与华严境界可能有相通之处。

华严宗所谈佛的境界，是所谓"因陀罗网境界"，因陀罗即帝释天，古印度传说天神帝释天的宫殿装饰珠网，也就是"天帝网"。杜顺《华严五教止观》中说："境界者，即法明多法互入，犹如帝网天珠，重重无尽之境界也。"大意是说事物不可分割，互相涵摄，如一张珠网，一珠之中现一切珠影，余一切珠亦现他珠之影，交相辉映，重重无尽。由此可见，"因陀罗网境界"是一个交光互影，充满光与色的，无穷无尽的境界。以中国诗学和美学的境界论对照，皎然的"缘境不尽曰情"，司空图的"象外之象、景外之景"，均与"因陀罗网境界"相近。严羽在《沧浪诗话》中说："透彻玲珑，不可凑泊，如空中之音，相中之色，水中之月，镜中之象，言有尽而意无穷。"在禅宗与华严宗之间，这段话应该更接近后者。以往学界十分重视禅宗与境界论的关系，而不太注意华严宗的影响。其实，宗白华早在《中国艺术意境之诞生》中，就明确地提到"中国人艺术心灵与宇宙意象'两镜相入'互摄互映的华严境界"。②

"两镜相入，互摄互映"是宗白华对华严境界的高度概括。以镜为喻，也显示了宗白华对华严佛理的深刻领悟。据《宋高僧传》载，法藏为解释"因陀罗网境界"之意，"取鉴十面，八方安排，上下各一。相去一丈余，面面相对，中安一佛像、燃一炬以照之，互影交光，学者因晓刹海涉入无尽之义"。法藏常以镜喻佛理，《华严义海百门》中说："若曦光之流采，无心而朗十方；如明镜之端形，不动而呈万象。"《华严一乘教义分齐章》中说："虽现净法，不增镜明；虽

---

① 刘纲纪：《唐代华严宗与美学》、《略论唐代佛教与王维诗歌》，见《传统文化、哲学与美学》，广西师范大学出版社 1997 年版，第 268、307 页。

② 《宗白华全集》第 2 卷，第 372 页。

现染法，不污镜净。非直不污，亦乃由此反显镜之明净。当知真如，道理亦尔。”在宗白华的《流云》小诗中，我们也可以看到许多以镜为中心意象的作品。

《深夜倚栏》：一时间/觉得我的微躯/是一颗小星/莹然万星里/随着星流。/一会儿/又觉着我的心/是一张明镜/宇宙的万星/在里面灿着。

《断句》：心中的宇宙/明月镜中的山河影。

《月夜海上》：月天如镜/照着海平如镜。/四面天海的镜光/映着寸心如镜。

以上有些诗前面已分析过，抄在这里，与宗白华所说的“两镜相入，互摄互映”相对照，再与法藏的镜喻以及“因陀罗网境界”联系起来，我们不难发现，《流云》小诗中的这些镜的意象，都是大有出处的。此外。第一首《夜》中的“一星”和“万星”，与因陀罗网中的“一珠”和“一切珠”相似，这也就是郭沫若《凤凰涅槃》所引华严宗“一即一切，一切即一”的思想。由此与前文论及莱布尼兹小宇宙、大宇宙联系起来看，华严佛理与精神原子论也有相通之处。

宗白华后来讨论中国园林建筑的美学思想时，还特别提到所谓“镜借”。他说：“对着窗子挂一面大镜，把窗外大空间的景致照入镜中，成为一幅发光的‘油画’。‘隔窗云雾生衣上，卷幔山泉人镜中。’（王维诗句）‘帆影都从窗隙过，溪光合向镜中看。’（叶令仪诗句）这就是所谓‘镜借’了。‘镜借’是凭镜借景，使景映镜中，化实为虚（苏州怡园的面壁亭处境偪仄，乃悬一大镜，把对面假山和螺髻亭收入镜内，扩大了境界）。园中凿池映景，亦此意。”①这里的“镜借”，所起的正是“互摄互映”的作用。

无论是小诗创作，还是艺境理论中，我们都能看到宗白华对华严佛理的借鉴。“诗文虽不同体，其实当是相通的。”宗白华这句自述真是一点没有说错。

我们以“艺境”分析《流云》，又用《流云》印证“艺境”。大体可以得出结论：宗白华《流云》小诗的创作，参与了他寄意高远的“艺境之追求”。因此，其意象玲珑活泼又内涵丰富，其意境充满了生命情调与宇宙意识，其意蕴渊源深厚又能融会贯通。《流云》小诗的艺术与审美价值，应该远远高于今天一般文学史上的评价。

① 《宗白华全集》第3卷，第479页。

第十一章　宗白华与百年中国美学

再过两年，到2003年，西方"美学"（Aesthetic）一语传入中国，美学作为学科在中国开始落土，已整整一百年。①

如果把整个中国美学思想史视作一条长河，那么20世纪初，由于西方美学潮流的汇入，它改换了方向，进入了现代河床，其流量更丰沛，河面更开阔，更壮观。在中国美学的现代河段，宗白华的美学，并非无足轻重的小小浪花，更非浮淌于水面的泡沫，而是潜行于水流深处的涌流，它对河流整体前行的推动力量，要经过若干时段，才能充分显示出来。

从百年中国美学史反观宗白华美学，我们可以看到，是宗白华，承接了中国美学源远流长的生命精神；是宗白华，以其深邃的文化哲学眼光，对它作出了创造性的现代诠释，使之以自成一系的品格，自立于世界美学之林。宗白华无愧为中国美学古老传统的现代发现者，中国现代美学的卓越奠基人。

第一节　中国现代美学的双子星座

在现代中国美学的星空，有一个双子星座分外夺目，那就是朱光潜和宗白

---

① 1882年，日人中江笃介翻译法国维伦（Veron，1825—1889）的《审美学》命名为《维氏美学》，此为Aesthetic译为"美学"之始。1903年，王国维在《哲学辨惑》一文中，首次引进"美学"一语，略谓："夫既言教育，则不得不言教育学；教育学者，实不过心理学、伦理学、美学之应用。"（《教育世界》第55号，1903年7月）

华。这两位美学家同庚同寿，同样学贯中西，又同校同事，且是半个同乡①，真好似上天特别眷顾中国美学，为之遣来一双文曲星。

朱宗进入美学领域之前，王、梁、蔡、鲁，都对美学问题有所论述，在中国现代美学史上，他们作为先驱者的筚路蓝缕之功固不可没，但他们所论，或偏于文学，或偏于美育；对西方美学的绍介，也偏于某家某派之说，无论理论建构或外来学说引进，都远未达到该学科的全体规模。20年代，吕澂、范寿康、陈望道等人，也有美学论著问世，然俱系日人或西人著作的译述或改作，并无深入的理论探讨，更未能触及中国源远流长的美学思想传统，很难称其为中国现代美学的奠基之作。

真正自具体系、富于原创性的中国现代美学的奠基作，出于朱宗二位之手。在朱光潜，就是《文艺心理学》及《诗论》；在宗白华，就是以《中国艺术意境之诞生》为代表的一系列重要论文。它们都问世于20世纪三四十年代，离开彼此发表处女作的时间，都已一二十年。② 这段时间，他们曾在国外专修美学以及与之相关的哲学、心理学、艺术学。对西方学术发展大势、美学学科走向，已经了然于心；返国后，在大学专门从事美学教学，更推动他们对中西美学、中西艺术作潜心研讨。朱宗美学代表作的发表，标志着他们已成为中国第一代美学专门家，中国美学学科创始人。

朱宗二位在美学上颇多共同旨趣。举其荦荦大者有三：

首先，与西方现代美学发展趋势相适应，他们都将美感经验的研究，视为全部美学研究的中心课题。朱光潜说："美学的最大任务就在分析这种美感经验。"③宗白华则指出："美感过程的描述，艺术创造与艺术欣赏之心理分析，成为美学的中心事务。"④

其次，二位都坚持美学应以艺术美为主要研究对象。宗白华说："向来的美学总倾向以艺术美为出发点，甚至以为是唯一研究的对象。因为艺术的创

① 朱宗二位同生于1897年，卒于1986年。朱氏1925—1933年留学英法，宗则1920—1925年间留学德国。1952年起，又同在北京大学任教。朱氏原籍安徽桐城，宗氏生于安庆外家，常自称"半个安徽人"。

② 朱光潜的《无言之美》发表于《民铎》杂志1924年第5卷第5期；宗白华的《美学与艺术略谈》发表于1920年3月10日的《时事新报·学灯》。

③ 《文艺心理学》，《朱光潜全集》第1卷，安徽教育出版社1987年版，第206页。

④ 《略谈艺术的"价值结构"》，《宗白华全集》第2卷，第69页。

造是人类有意识地实现他的美的理想，我们也就从艺术中认识各时代、各民族心目中之所谓美。”①朱光潜则一贯以为：既然“美是文艺的一种特性……就得承认研究美，就不能脱离艺术来研究”②。这是他从“美是主客观的统一”的基本观点引申出来的必然结论，哪怕身处百口呰訾的局面之下，也从不改口。

第三，他们都向往于、致力于中西美学、中西文化的相摄相取，交融统一。朱先生既深以“移西方文化之花接中国文化传统之木”（意大利学者沙巴提尼语）为荣耀，宗先生也始终忠实于他的“少年中国”理想：“一方面保存中国旧文化中不可磨灭的伟大庄严的精神，发挥而重光之，一方面吸取西方新文化的菁华，渗合融化。在这东西两种文化总汇基础之上建造一种更高尚更灿烂的新精神文化。”他更着重指出：“这融合东西文化的事业以中国人最相宜，因为中国人吸取西方新文化以融合东方比欧洲人采撷东方旧文化以融合西方，较为容易。”③这三项共同旨趣，足以支撑中国现代美学研究的总体框架，规划它的大致方向，使之顺应世界美学潮流的进展。

然而，就在这三项共同旨趣之中，朱宗二位又有各自的发挥，各自的创造，呈现不同的学术个性，形成奇妙的互补。

对于审美经验的研究，朱先生深受英国经验主义的影响，长于心理学的描述与解析；宗先生则本着德国哲学的浪漫精神，长于哲学沉思和形而上的追求。比如二位都讲“意境”，而且都视之为艺术的最高成就和审美的最高理想，但朱先生侧重从情景结合的心物关系层面作理论说明；宗先生则将情景结合视作意境创构三层次的一个中间层次，其最终指向是充满宇宙情调和人生感悟的超越之境，是“最高灵境的启示”。又比如，二位都重视象征。宗先生强调“一切生灭相，都是‘永恒’的和‘无尽’的象征”④。所谓象征，是以具象意指那不可言说的玄意玄思，即叶燮所谓“不可言之理，不可述之事”，遇之于“默会意象之表”；朱先生则以为，“拟人”和“托物”都属于象征，它“大半起于

① 《介绍两本关于中国画学的书并论中国的绘画》，《宗白华全集》第2卷，第43页。

② 《美必然是意识形态性的》，《朱光潜全集》第5卷，安徽教育出版社1996年版，第112页。

③ 《中国青年的奋斗生活与创造生活》（《少年中国》1919年第1卷第5期），《宗白华全集》第1卷，第102页。

④ 《略论文艺与象征》，《宗白华全集》第2卷，第411页。

类似联想”，其功能是“以具体的事物来代替抽象的概念”，所以他以“寓理于象”一语来定义象征。① 再比如二位都讲究审美的宇宙情调，朱先生称之为“宇宙人情化”，倾向于用“移情作用”加以解释。他说：“艺术和宗教都是把宇宙加以生气化和人情化，把人和物的距离以及人和神的距离都缩小。它们都带有若干神秘主义的色彩。所谓神秘主义其实并没有什么神秘，不过是在寻常事物之中见出不寻常的意义。这仍然是移情作用。”②宗白华则宁肯保留那个带有神秘主义色彩的宇宙生命本体，以作为宇宙情调、宇宙意识必然产生的最终根源。艺术最根本、最原始的来源，是“在宇宙的深处的，说是神变也好，说是造化也好，说是天地也好（按这三种说法均出自中国传统美学——引者注），说是上帝也好（按指温克尔曼：“最高的美是在上帝那里。”——引者注），都没有关系。就事实的观点看，或者要遭到刻舟求剑的苦恼，但倘若就价值的观点看，或就美学的逻辑看，这却是颠破不灭的真理，这乃是所有美学家都要如此肯定的一种假设。”③因此之故，朱宗两人，对中国艺术中“宇宙情调”、“宇宙意识”的估计，有颇大差异。宗先生以为，中国诗人长于“言在耳目之内，情寄八荒之表”（钟嵘《诗品》评阮籍《咏怀》语），在山水诗画中尤其如此。朱先生则以为：“中国人底思想太狭隘，太逃不出实际生活底牢笼，所以不容易找到具有宇宙精神或宇宙观的诗（Cosmic poetry）。”④他在《两种美》（1927）一文中说：中国诗人“很少肯跳出‘方宅十余亩，草屋八九间’的宇宙，而凭视八荒，遥听诸星奏乐者”，若在文学中寻找“宇宙的情感”（Cosmic emotion）的实例，除了《逍遥游》、《齐物论》、《论语·子在川上章》、陈子昂《幽州台怀古》、李白《日出东方隅》诸作，“简直想不出其他具有‘宇宙情感’的文字”⑤。在这里，学理和史实上的谁是谁非，也许可以进一步讨论，但却可以看出，彼此对待审美经验有全然不同的方法论态度：朱先生将审美经验作为心理事实处理，哪怕其中最深微最奥妙的部分，他也诉之于心理学以求作出解析；宗先生

① 《谈美》，《朱光潜全集》第2卷，安徽教育出版社1996年版，第64—65页。

② 《谈美》，《朱光潜全集》第2卷，第24页。

③ 《张彦远及其〈历代名画记〉》，《宗白华全集》第2卷，第457页。

④ 梁宗岱记1927年前后朱先生在巴黎的谈话，见梁氏《说“逝者如斯夫”》，《梁宗岱批评文集》，珠海出版社1987年版，第116页。

⑤ 《朱光潜全集》第8卷，安徽教育出版社1993年版，第311页。

则将审美经验视为宇宙生命与个体生命价值关系的感性呈现，对它的哲学解说始终离不开宇宙生命本体这个最终的假设。各自在叙述方法上也有不同。朱先生重归纳，从事实出发，寻出学理；宗先生重演绎，力求用抽象的玄思来统摄具体现象。这两种方法论态度，各有擅胜，无分轩轾，似都从各自的侧面接近了真理，但一偏于认识论，一偏于价值论，一偏于科学主义，一偏于人文主义，这是可以大体认定的。

在艺术美的研究上，朱宗关注的领域和关注的焦点也不很一样。朱先生关注的主要是文学，重点是诗，由诗而旁及小说、散文、戏剧，几乎中外文学的主要体裁，他都有所论列。其他艺术门类如戏剧、建筑、绘画，只是偶尔兴到，略为涉及。他关注的焦点，则是文学创造和文学欣赏的心理过程，创作中的直觉—构思—传达，欣赏中的趣味、批评标准、批评方法，都是他曾热心讨论的课题。诗歌的格律与韵律，文学的物质媒介——语言文字的传达功能，这类宗先生不大放在心上的问题，朱先生则有专精的研究，发表过不少启人深思的见解。宗先生则有更开阔的艺术视野，旅欧之后，他渐渐从诗歌转向雕刻（罗丹之作）和绘画（中国山水花鸟），此后举凡中国既有艺术样式，书法、音乐、舞蹈、戏曲、建筑、园林、工艺制作，几乎无一不引起他强烈的兴趣，无一不在他论说的范围，而论说的中心则是各类艺术如何创造意境，追求共同的审美理想，体现中国文化民族个性、民族特征问题。绘画是他论述最多、最深的品类。由中国绘画特有观照法、透视法，他发现了中国艺术共有的空间观——以时统空、充满节奏的空间观，由此辐射开去，统摄各个门类艺术，作出艺术通观，虽然未能将所述系统化、条理化，但灵光乍闪，在各个门类的艺术思想、观照方法和表现方法，乃至艺术技巧技法上，也都贡献出启人深思的真知灼见。

在中西美学、中西文化的交汇融合上，朱宗的见解、方法也显出有趣的互补。朱先生以系统译介西方近代美学见长。我多年前即指出过，中国传统的艺术精神，是朱先生对西方美学进行别择弃取的“内在参照系”。① 宗先生则以发掘、清理中国传统美学见长。他在译介德国美学，特别是译介康德、歌德美学方面固然做过众所称道的工作，但他的主要贡献，却在于以西

① 汪裕雄：《补苴罅漏，张皇幽渺》，《文艺研究》1989年第6期。

方近代美学为内在参照系，对中国传统美学作出的现代诠释——有时是创造性的诠释。朱宗两位，都善于作中西美学、中西艺术的比较对照，而且常常由此追究到中西文化的异同。但平心而论，朱氏有关论述，深度广度上或许稍逊宗氏一筹。原因有二：一是宗白华对中西哲学有过系统的比较，对中西形而上学的各自特点——西方：现象本体两分，数理界与价值界相隔；中国：道不离器、体用一如——有清醒而稳定的看法，[①]而这，却是朱先生有欠的；二是宗白华有自觉的文化哲学思考，他统摄儒、道、释而超越儒道释，能从各家宇宙论中离析出通贯百家的最基本的文化观念——诸如以时统空的时空观，以生命之气为本体的本体论，等等，这些都是中国文化观念的硬核，其历史渊源远较诸子学说为早，而为百家所遵循。而朱先生如他多次表白过的，虽然也涉猎过道家和佛学，但他的美学观点，总体说"是在中国儒家传统思想的基础上，再吸收西方的美学观念而形成的"[②]。因此，他对中国审美和艺术文化特征的认定，常自觉地从儒学立场出发，有时竟难免为儒家学说所拘囿。例如他以为："中国人也是一个最讲实际、最从世俗考虑问题的民族……对他们来说，哲学就是伦理学，也仅仅是伦理学。"[③]就有将中国传统哲学儒学化的倾向。他以此为主要依据来解释中国何以多抒情短章而少长篇叙事诗，多少有些以偏概全。宗白华则归因于中国以时统空的宇宙观，归因于空间意识的节奏化，表情化，而这一时空观为儒道释诸家所共守，从学理上说，应当说更周全一些，更深刻一些。朱宗美学的比较，是一个需要专门论述的课题。这里挂一漏万的撮述，只是为了表明：同为中国现代美学的奠基人，朱宗这双子座是相映生辉、互为补充的，是他们二位，共同为中国现代美学安放了稳固的基石，构筑了足以和世界美学同步的高水准的起点，建立了美学学科的最初规范。看不到宗白华对中国现代美学的奠基性的贡献，漠视他在现代美学史上的存在，不唯缺乏史识，也有违"实事求是"

---

① 见其《形上学(中西哲学比较)》,《宗白华全集》第1卷。李泽厚近年提出西方"两个世界"与中国"一个世界"的区别，当系对宗先生此说的发挥。

② 《答香港中文大学校刊编者的访问》,《朱光潜全集》第10卷，安徽教育出版社1994年版，第653页。

③ 《悲剧心理学》,《朱光潜全集》第2卷，安徽教育出版社1996年版，第425页。

的史德。①

第二节 宗白华美学思想的原创性

艺境求索,是宗白华为之付出毕生精力的美学课题,他参照西方近现代美学,着力阐发中国艺术的审美理想和文化理想,彰显其中的生命哲学精神,使他的美学,既是一种富于民族个性的境界美学,也是一种饱含现代意识的生命美学。中西古今的多方汲取和全面思考,熔铸成宗先生美学上的独到创造,使之在一些根本的理论观点和研究方法上都显露出原创性。

一、文化反思的视野与"文化批判"的方法

把文化反思和美学探讨结合起来,从整体文化视野来鸟瞰审美与艺术,反过来,由审美与艺术去追溯文化观念的根据,求得文化与审美——艺术的互证互释,是宗白华美学一贯使用的方法,对中国现代美学而言,又是首创的方法。

在这一点上,宗先生无疑受到20世纪德国文化哲学思潮的启发。文化是生命(生活)的形式②,艺术则是"生活过程的整体性提供的一种综合的确证形式"③,这类观点,显然支撑了宗先生从艺境求索中进行文化批判,即他自称"做一个小小'文化批评家'"的决心。宗先生的可贵处,不止在他善于择取异域新潮,更在于他一经受到外来启发,立即着手对自己的民族文化,自己的审美—艺术传统作独立的检核和自省。他把全部工作置于早年建设"少年中国"新文化的总目标之下,把审美与艺术看做"中国文化史上最中心最有世界贡献的一方面",既从审美和艺术去反省和确定中国民族文化的个性特征,又从审美和艺术的固有理想去展望中国民族现代文化的前景,提出"自然与文

---

① 1993年,上海一家出版社出过一本《中国现代美学思想史纲》,全书30多万字,竟无片言只字提及宗白华。该书原系作者的博士论文,据书中所记,除导师外,尚有十来位专事美学研究与教学的专家参与审读,其中有的还是宗先生的及门弟子。他们似都对此"习焉不察",莫非都同作者一样,以为宗先生对中国现代美学史而言,是可有可无、无足轻重的角色?实令人匪夷所思。

② 参见西美尔《现代文化的冲突》,刘小枫主编:《现代性中的审美精神》,学林出版社1997年版,第425页。

③ 奥伊肯:《生活的意义与价值》,上海译文出版社1997年版,第106页。

化调合”的文化理想,寄希望于未来的“文艺复兴”。他勾画出物质文明对西方迎头赶上,精神文明则着重保持民族文化个性,发扬光大自身优秀传统的文化建设构想。他有坚定而彻底的多元文化观,既期待着“优美可爱的‘中国精神’在世界文化的花园里面放出奇光异彩”,也“盼望世界上各型的文化人生能各尽其美,而止于其至善”,认为这种多元文化态度,本身就体现了“真正的中国精神”。① 其中许多看法,在提出的当年,由于战乱频仍、民不聊生,甚至民族存亡前途未卜,显得有些高蹈迂阔而不切实际;而今,精神文明建设得到前所未有的重视和全面展开的良好条件,回顾宗先生的主张,我们不能不由衷赞叹他的远见。

二、生命美学的本体论论证

从传统的中国生命哲学着眼,宗白华由艺境的求索,梳理出、离析出、发挥出一种带有他个性印记的生命美学——中国现代美学史第一个本体论美学思想体系。

“美是丰富的生命在和谐的形式中。”②作为本体,宇宙的生命与人的生命处在一个大和谐中,都是生命之气大化流行,“生生而具条理”。这条理,呈现为天地万物的一呼一吸,一动一静,呈现为万物的,包括心灵的节奏。这生生的节奏,便是“道”,弥纶万物的“道”,创造着一切生命,支持着一切生命运动的本体。在宗白华看来,整个宇宙就充满着无声的音乐,如一伟大的乐曲。它是一切艺术创造的范本。

对秦汉律历哲学的发掘和解说,是宗白华文化哲学上的伟大功绩。将五声、十二律分配于四时、五方、十二月的“月令模式”,曾被清人崔述目为“附会”之言,“异端”之说,但经宗先生化腐朽为神奇,却成为中国古代以时统空的宇宙论的绝好的证据。而空间一旦被时间化,即与生命相沟通,得以“意象化、表情化、结构化、音乐化”。不但中国的时间艺术和综合艺术讲究抒情(如文学中抒情性体裁特别发达,戏曲之载歌载舞讲究抒情氛围),即使空间艺术,如画论列“气韵生动”为“六法”之首,构图之“以大观小”、“散点透视”,

---

① 《〈中国哲学中自然宇宙观之特质〉编辑后语》,《宗白华全集》第2卷,第243页。

② 《哲学与艺术》,《宗白华全集》第2卷,第58页。

雕塑通过衣褶衣带纹样以示动态,乃至建筑之追求气势飞动,园林之追求曲径通幽,统统显示着将空间时间化,表情化的共同趋向。要之,中国数千年艺术普遍追求的音乐化的千古秘蕴,赖宗先生"以时统空"的宇宙论解说而得以揭示。

自然固是艺术创造的源泉与范本,然而艺术并不单纯是自然的模仿,艺术所表现的是"心灵直接领悟的物态天趣,造化与心灵的凝合"。"外师造化"还须"中得心源"。这就要求艺术家有一颗音乐化的心灵,既有幽渺深广的宇宙情怀,有抚爱万物的仁厚心胸,有超越世俗荣辱祸福而追求生命自由的坚定意志。一句话,艺术家应该有"超世入世"的人生态度,独立而健全的人格。在宗白华看来,艺术的美和人格的美密不可分,如同音乐的和谐,是宇宙生命节奏和音乐家心灵律动的交响,彼此是镜的两面,不能分开一样。

三、为中国美学思想史研究确立最初范式

宗白华的境界美学,作为其文化批判的智慧结晶,总是将问题安置在过去、现在、未来的时间三维中思考,对过去的检讨,是着重的一维。由于他善于从文化哲学高度综览过去,澄清了国外学者的许多误解。那种以为中国过去只有审美意识而无思辨理论的看法(鲍山葵即主此),已不攻自破了;以为中国画家不懂阴影、构图上"反透视"的主张(康德、黑格尔有此议论),也被彻底驳倒了。中国人不但有自己的审美意识,而且有对审美与艺术作形而上思考的悠久传统,宗白华成功地揭示了这个历史事实,从而为我们确立了中国美学思想史研究的最初范式。这个范式似可这样加以概括:从总体文化着眼,从文化哲学的高度考察艺术和审美的经验事实,从中追寻其审美理想和文化理想,以确定艺术和审美的风格特征;以艺术美为中心,将自然美、人格美的考察通贯为一,力求找出其间的互动关系;把艺术作为精神创造和工艺作为物质创造联结起来,从工艺技术中寻求艺术技巧技法的原型。这些,因本书前述已详,此处不容再一一展开。

在上述范式中,宗白华作出了对于中国美学思想史研究诸多重要问题的独到发现,择要而论,可及三端:

一是《周易》原型论。中国人审美与艺术的宇宙论根据,中国人观照万物时"俯仰往还、远近取与"的独特方式,中国人"虚实相生"的审美法则和艺术

法则，宗先生探本穷源，统归之于《周易》。在他看来，《周易》哲学即是中国人最基本的哲学。这个判断，非但有深厚的学理依据和历史依据，而且在方法上有截断众流、居高临下之妙。《周易》古经，产生于殷周之际，是周礼最重要的典籍之一，保留着周人许多重要的文化观念，成为后来诸子百家学说的源头。而战国之后《易传》产生，更涵摄了、吸取了百家学说，建立起了以阴阳互动之道为核心观念的宇宙模式，更为儒道两家所统宗。抓住《周易》，就抓住了中国文化观念的根本，就可以避开诸子在其他问题上纷争的困扰，具有笼罩百家的气度。宗先生涉易颇深，他重视《易传》，又并不轻忽古经，倚重义理之学，又并不摒弃象数之说。解说"革"、"鼎"二卦的时空观，"离"、"贲"二卦的美学观，"咸"卦的物感观，"乾"卦"各正性命、保合太和"的天人合一形上境，都能象、理并重，撷取汉、宋易学之所长。

二是魏晋转折论。"学习中国美学史，在方法上要掌握魏晋六朝这一中国美学思想大转折的关键。"①这个大转折，不仅标志着文的觉醒，而且标志着山水美、人格美、艺术美全面的审美觉醒，其前提，则是人的觉醒。宗白华发现，汉末魏晋六朝这个政治上最混乱、社会上最苦痛的时代，原是精神史上极自由、极解放、最富有智慧、最浓于热情的时代。他那篇《论〈世说新语〉和晋人的美》，堪称现代美学史上最早一篇断代史专论，论析既深，文情更美，至今仍是同课题研究无法绕过（不管是赞同或是反对）的经典之作。"晋人向外发现了自然，向内发现了自己的深情"，两句概括，胜过千言万语。晋人超脱礼法而发现人格个性之美，萌生"生命情调"和"宇宙意识"而发现山水之美，是一体两面的觉醒过程，都得益于玄风浸润。宗白华对玄学在审美觉醒过程中的作用虽未作过细解说，却有着重要的提示。他在一条注释中特地拈出王弼的"圣人有情论"，评曰："王弼此言极精，他是老、庄学派中富有积极精神的人。一个积极的文化价值与人生价值的境界可以由此建立。"②这等于说，王弼玄学是魏晋美学的精魂。宗先生研究美学史，要言不烦，点到即止，而留无穷深义让读者自行思索，自行领悟，其行文精妙，大率类此。

三是山水审美论。中国艺术，是中国文化史上最中心最有世界贡献的方

① 《中国美学史中重要问题的初步探索》，《宗白华全集》第3卷，第448页。

② 《清淡与哲理》作者原注，《宗白华全集》第2卷，第311页。

面，而山水诗画，包括花鸟画，“为中国最高艺术心灵之所寄”，“尤为世界艺术之独绝”。[1] 中国诗画，为什么爱以山水境界做表现和咏味的中心？中国山水诗画，为什么晋宋期间即已出现，较西方早了一千好几百年？宗白华归因于由老庄哲学所孕育的中国人流连于山水的那种超然玄远的意趣。晋宋人欣赏山水，能“由实入虚，即实即虚，超入玄境”，亦即将山水虚灵化、精致化，把整个自然当成有情的自然；将整个宇宙，当成有情的宇宙。因而山水观赏和山水画一致，身观目接的自然山水，由艺术心灵的点化，变作“意境中的山水”。“生命情调”、“宇宙意识”，在西方是近代哲学才开始受到关注的现象，在中国，却萌发于晋人超脱的胸襟。宗白华从中国固有宇宙观对它产生的必然性作了有说服力的解说，并没有把古人现代化，倒是让世人看到，中国传统文化和传统艺术中，的确有许多令世人惊异，令国人自豪的珍品。

宗白华对中国美学思想史的卓见诚然不止这些。而且上述见解的价值也首先不在结论本身，可贵的是方法论的启示。他选择问题、分析问题的方法，足以让后人找到一个门径，找到从文化哲学入手理解前人美学思想的道路。一切有志于此的研究者，都会由衷感谢他。

第三节　宗白华美学的当代意义

宗白华美学思想有没有“现代性”，它在21世纪是否还具有生命力？这是学界颇为关心而又尚存歧见的问题。

数年前一次学术会议上，曾为宗先生美学到底属于“古典”还是属于“现代”，有过小小的争议。一种意见以为，宗先生主要承受德国古典哲学的影响，研究的重心又在阐发中国古典艺术的意境，虽然他也“达到了20世纪中国美学研究的一个顶峰”，毕竟属于“古典”；另一种意见以为：“宗白华虽然沉潜于古代艺术和美学中，但是他所建立的理论系统不是古代艺术的延伸环节，他所感应的是现代审美意识的情感骚动和现代人的浪漫精神，他所建立的美学是现代主体美学，具有‘现代性’。”[2]

---

① 《读画感记》，《宗白华全集》第2卷，第301页。

② 《纪念朱光潜宗白华诞辰100周年国际学术研讨会综述》，《文艺研究》1997年第1期。

判断宗白华美学思想的时代特征，虽未必影响对它学术价值的衡估，却影响着对它未来意义的观察，从宗白华美学思想的总体倾向看，我赞成后一种判断。

理由是多方面的。

首先，宗先生接受的思想影响，不仅仅限于德国古典哲学，而是由其发端，经叔本华、尼采等人发挥，绵延至20世纪初的整个浪漫主义传统。其中，狄尔泰、西美尔、奥伊肯所代表的生命本体哲学——“浪漫主义新哲学”①，尤成为宗白华美学思想的主要理论支撑。整个宇宙是生命创造的无尽历程，它由物质自然界，穿过生物界，心理界抟扶摇而入于精神文化界。精神文化创造，是宇宙创造进化的最高阶段，艺术表演着宇宙的创化。作为有情有相的“小宇宙”，艺术是对生命意义的反思，是人生价值的确证，它寄寓着人类的审美理想和文化理想，凡此等等，都不但能看出德国古典哲学的影子，更能看出“浪漫主义哲学”的鲜明印痕。可以说，没有生命本体论哲学的启示，就没有宗白华的生命本体论美学，就没有他对中国传统哲学和传统艺术生命精神的现代思考。

不错，宗白华论述的主要对象是中国传统艺术的意境。但他对这个艺境的阐释，却洋溢着现代精神。承接着德国生命本体论哲学的思路，他把中国艺术“人与天调”的和谐的音乐精神，看做是避免或挽救现代社会中人的个体感性生存危机的文化力量，看做是现代人重新求得与宇宙“大全”亲和的可行之道。宗白华的美学，并不是中国传统美学的翻版，它不再从圣人人格（所谓“大人主义”）出发，而是从个体感性生存出发；它不再引人从古代士大夫一味事功或一味隐遁中去求取人生意义价值，而是激励普通的平民，取“出世入世”的人生态度，建立自己的人生理想，作不倦的人生价值意义追求。如果我们只看他多谈古典，而忘记他怎样谈古典，企图通过古典告诉我们什么，那就难免以衣帽取人，以为不穿西装革履就不算现代人那样的错误了。

梯利在20世纪初曾这样概括过近代浪漫主义哲学的内涵：

> 它们都为一个比较灵活的宇宙而辩护，为这样一个世界而辩护，在那里人类生活不单纯是一种木偶表演或木偶戏，其中的人物只担任为他们

---

① 刘小枫：《诗化哲学》，山东文艺出版社1986年版，第150页。

> 安排的角色；它们关注自由、主动性、个人责任、新奇事物、奇遇、冒险、机会和浪漫事迹。兴趣转移了，从一般到特殊，从机械式到有机组织，从理智到情感和意志，从逻辑到直觉，从理论到实践。浪漫主义要求这样一个世界，在那里人有奋斗的机会，通过努力他能够按照他的目的和理想来塑造世界。①

从宗白华的生命美学里，从他对传统艺境的现代阐释里，我们正可以深深感受到这样一种浪漫精神，这是实实在在的"现代性"。

回顾中国美学的百年行程，从知识论来探讨美和美感的趋向，占了优势。按知识论主客两分的模式，把美作为某种抽象本质（例如"人的本质力量的对象化"），把美感视为对既成的美的认识或反映，这类观点，在20世纪50年代美学大讨论之后，曾广为流行。已有论者指出，这是中国美学曾经陷入的主要误区，中国美学亟须实现由知识论哲学向生存论本体论哲学的转变。② 从这个背景下看，宗白华的生命美学，是中国现代美学史上第一个本体论美学，也是最早突破知识论局限的美学，由于它和中国传统美学的血肉联系，又是最具中国特色的生命美学，无疑会在未来中国美学的理论建设中，为我们提供深刻的启示。

至于宗白华通过艺境求索提出的理想文化类型，对未来文化的深情展望，其现代意义更是容易理解的。由现代物质文明带来的人和自然关系的恶化，人性本身理性与感性的断裂，在20世纪初的欧洲，已成为知识界普遍担忧的危机。当年德国哲人的生命哲学和文化批评，都出于欧洲人为解救危机而作的紧张努力。宗先生深受感染，以为"在这全世界动荡转变的大时期，深入过去的探讨也是我们远征未来的准备"。他从中国传统文化的自省中，燃起对于"健硕的向上的创造时代"的向往，期望建立一种"自然与文化调和"的新文化，他说：

> 文化与自然似乎是对立的——文化烂熟时期人们高喊着返于自然——然而实际上自然与文化是一整个的宇宙生命演进底历程。而且精神文化当永远以天真的朴素的"自然"，做它坚实的基础……健硕的向上

① 梯利：《西方哲学史·增补本补遗》，商务印书馆1995年版，第662页。

② 俞吾金：《美学研究新论》，《学术月刊》2000年第1期。

的创造时代则必努力于自然与文化的调和,使人类创造的过程符合于自然底创造过程,使人类文化成为人类的艺术(不仅是技术!)。①

这番话说在1942年。在当年,这只是可望而不可即的理想,显得那样高邈,而如今,正当全球性的生态危机和环境危机困扰着人类的生存,成为全人类的话题,而中国,又已在自己的经济建设和文化建设中着手克服这些危机的时候,再来倾听宗先生热情的呼唤:"使人类的创造符合自然底创造过程",这话听来是何等亲切,又是何等语重心长!

宗白华美学思想中,包含着不少不但属于过去而且属于未来的珍贵的东西。把它发掘出来,传播开去,是中国美学界义不容辞的责任。

① 《〈信足行〉编辑后语》,《宗白华全集》第2卷,第320页。

附　录　中国传统美学的现代转换

——宗白华美学思想评议

几乎从引进“美学”(Aesthetic)这一概念的那天起,中国学人就着手借西方美学之“石”,以攻本民族传统美学之“玉”,致力于传统美学的现代转换。在这些学人中,宗白华对传统美学的创造性诠释,可谓独树一帜。

宗先生有自己的诠释方式。他参照西方现代美学,却不设想削足适履,将传统美学强行纳入西方框架,也不设想按西方的思辨模式去重建中国的传统理论,而是将自己的诠释,聚焦于这一理论的关键性范畴——“艺术境界”,直探它的文化哲学底蕴,作出富于现代意义的发挥。

独到的诠释成就了独到的贡献。由于有宗先生的独到诠释,中国传统的艺术境界论,更以别具一格的哲学内涵,另成一系的文化品貌,呈现于当代世界美学之林,不仅以明确的语言答复了西方某些学人关于中国有没有属于自己的美学理论这一大疑问①,也为中国传统美学的现代转换,提供了范导性的尝试。

---

① 如鲍山葵在1892年提出,不论在古代或在近代,东方与中国审美意识都没有上升到思辨理论的水平,因而没有加以阐述的必要。见鲍山葵所著《美学史·前言》,商务印书馆1985年版,第2页。

一

艺术境界，又称艺术意境，简称“艺境”，是中国传统艺术和审美所归趋的理想，众多艺术门类的最高成就，也是艺术之所以成为艺术的根本特征。宗先生以此为诠释重心，他手自编定的美学文集题名《艺境》，都表明他的美学，完全有理由称之为“境界美学”。

那末，什么叫做“艺境”？

宗先生截断众流，居高临下，给出这样一个命题：

> 一个充满音乐情趣的宇宙（时空合一体）是中国画家、诗人的艺术境界。①

这是对中国艺术境界的本体论回答，包含着宗先生对传统美学的独到会心，独到发现。

中国艺术提供的是“意义丰满的小宇宙”②。它不但描摹大宇宙的群生万殊、生香活意，而且寄寓着艺术家的宇宙情怀和对宇宙人生的深切感悟，是大宇宙的生动意象与艺术心灵“两镜相入”、互摄互映的另一世界，如恽南田所说“皆灵想之所独辟，总非人间所有”的崭新宇宙！

中国艺术的根基在宇宙生命。照中国传统的生命哲学，整个宇宙，是大化流行，生生不已的创造历程。宗先生于此并不拘于儒道释的任何一种宇宙论解说，而是拔出《周易》的生命哲学作为“中国民族的基本哲学”，以之兼摄儒道释而超越儒道释。自老子始，“自然之道”的思想，便在中国古代文化中植下了深根。“道”是宇宙的本体，也是宇宙创生的动力，万物之生成变化，生长死灭，无不自然而然，自己而然。迨至战国，这一思想被《易传》所摄取，铸成“一阴一阳之谓道”的核心观念，并以之弥纶天、地、人，建构起宇宙生命图式。经秦汉以降历代的发挥，这个图式被整饬为井然有序的结构：道⇌阴阳⇌四时⇌五行（五方）⇌万物。从宇宙生成而言，这是由“道”派生万物的逆降图式；从人把握宇宙而言，适成逆转，成为由万物观道、体道的递升图式。宇宙万物

---

① 《宗白华全集》第2卷，第434页。

② 《宗白华全集》第2卷，第99页。

生成图式与把握宇宙全景的致思图式适成对应，秘密就在宇宙本体之"道"即是"阴阳互动"之"道"，它以气论为基础，为前提。中国人凭借气的感应，将本体与现象两界、形下与形上两域，完全贯通，得以从形而下的有形之物（器），体认其中形而上的无形之道。伏源于气论的"体用一如"、"道不离器"的致思方式，正是中国艺术境界之所以可能的根本依据。

围绕着这一基于气论的生命哲学，宗先生就宇宙生命和艺术生命两方面都作了精彩的发挥。

首先是解说宇宙生命。由于阴阳互动，生生不穷，宇宙万物皆"至动而有条理"，呈现为二气化生的生命律动——节奏。宗先生曾不止一次地引用戴震的名言："举生生即该条理，举条理即该生生"（《孟子字义疏证·绪言》卷上），用来说明宇宙至动的生命本来就寓存于有条理（秩序、法则）的律动之中，"这生生的节奏是中国艺术境界的最后源泉"①。也正因此，中国的一切艺术才普遍趋向于音乐的状态，共同追求节奏的和谐，而万物"生生的节奏"，便具有了本体论的意义。

从空间与时间的相互关系来论证中国艺境普遍音乐化的必然性，是宗白华在美学上的一大功绩。空间与时间，即"宇"与"宙"（久），本是先秦诸子讨论已久的宇宙构成论的重要课题。② 在秦汉的宇宙构成模式中，四时统辖五方（五行），空间与时间的相互关系，被规定为"以时统空"。"时间的节奏（一岁，十二月，二十四节）率领着空间方位（东南西北等）以构成我们的宇宙。所以我们的空间感觉随着我们的时间感觉而节奏化了、音乐化了！"③有见于此，被清人崔述称之为"附会"之言、"异端"之说的"律历哲学"④，经宗先生化腐朽为神奇，成为解开中国人审美意识千古秘蕴的宝钥。中国历来有"律历迭相治"的传统（《大戴礼记·曾子天圆》语），《礼记》、《吕氏春秋》的"月令模式"，更将音乐里的五声，比配于五行（五方），将音律的十二律吕，比配于一岁的十二个月，认为音律与历法都体现着阴阳二气的消长升降，有着共同的数量

① 《宗白华全集》第2卷，第368页。

② 《墨子·经上》："久，弥异时也；宇，弥异所也。"《尸子》卷下："上下四方曰宇，往古来今曰宙。"

③ 《宗白华全集》第2卷，第434页。

④ 《崔东壁遗书》之《补上古考信录》卷上，"驳黄帝制十二律"条。

关系，应和着同一的宇宙创化节奏，“故阴阳之施化，万物之始终，既类旅于律吕，又经历于日辰，而变化之情可见矣”（《汉书·律历志》）。按照这一律历哲学，时间作为生命的绵延，能示人以宇宙生命的无声音乐；空间作为生命的定位，也因生命而与时间相沟通，于是空间得以“意象化，表情化，结构化，音乐化”①。律历哲学的时空观，支持了宗先生一个精警的不刊之论：“中国生命哲学之真理唯以乐示之！”②在中国，音乐足以通天地之和，绘画将“气韵生动”置于“六法”之首，艺术境界成为天地境界的象征，大源即在于此。

但艺术毕竟不是宇宙生命节奏的自身显现，而是宇宙生命节奏与艺术家心灵节奏的共鸣与交响。艺术所表现的，是“心灵所直接领悟的物态天趣，造化和心灵的凝合”③。于是，宗先生便从心灵与宇宙万物的关系中，来探求艺境诞生的秘密。

中国人历来以为，“人者，天地之心”（《礼记·礼运》），“诗者，天地之心”（《诗纬·含神雾》）。这两句千古名言，几乎成了习文谈艺者的门面语、口头禅，面对“人”何以是“天地之心”，“诗”何以能“为天地立心”，却似乎少予探究。宗先生同样以自己对传统哲学思想材料的清理和诠释，揭出此中学理。

关键在中国传统哲学里，“出发于仰观天象、俯察地理之易传哲学与出发于心性命道之孟子哲学，可以通贯一气”④。照《易》传，天、地、人三道均统摄于阴阳互动，生生不息的“易道”。生生为“天地之大德”，宇宙不断创化，是为了人；而人，也以自己自强不息的创造活动，参与天地创化的大历程，于是，道体与心性之体，可以相贯。宗先生引进西方哲学，把宇宙生命的“大化流行、生生不息”理解为一个伟大的创化进程，以此来诠解“天地之心”；又认定“画家诗人的心灵活跃，本身就是宇宙的创化”⑤，因而艺术的创造，便不止是艺术家以自己的心灵来映射宇宙的生命创化，也是以自身全部生命投入宇宙生命创化的过程。艺术家“为天地立心”，也为自己的生命获取了价值意义，使自己的生命得到安顿之所。

---

① 《宗白华全集》第1卷，第636页。
② 《宗白华全集》第1卷，第604页。
③ 《宗白华全集》第2卷，第372页。
④ 《宗白华全集》第1卷，第623页。
⑤ 《宗白华全集》第2卷，第363页。

在“艺术心灵”与“天地之心”之间，宗白华发现了、探讨了“象”这个中间环节，成为他的艺境理论的一大创获。“象”作为文化符号的结构与功能，在《周易》始行定位。《周易》又称《易象》，可见在《周易》的整体符号系统（数、象、辞三者交互为用）中，地位非同凡响。这个“象”，原指卦象，原出仰观天象以“治历明时”的活动，它可类万物之情，可通神明之德，可尽圣人之意，贯通形上形下，贯通人情物理，规范人文秩序与人文制作，恰如宗先生所言，在古代中国，“宗教的，道德的，审美的，实用的溶于一象”①。如何从历代易学芜杂纷呈的歧说中，透过种种神秘莫测的玄妙之言，揭示“象”的本来面目，成为当代文化哲学一大难题。宗先生参照西方哲学，指明“象者，有层次，有等级，完形的，有机的，能尽意的创构。”②它本质上乃是“由仰观天象，反身而诚以得之生命范型”③。作为万物创造之原型，它和西方偏重空间的范型（柏拉图的“理式”，亚里士多德的“形式”，以几何学为其标志）不同，中国的“象”，是“以时统空”，以节奏完形（实为气的完形）为特征的“象”的范型，它来自仰观天象、反身而诚的创构，本身即是宇宙生生节奏与人的心灵节奏相应和的成果。这一“象”的范型，用于审美，即将空间时间化（音乐化），转为审美意象，从而将宇宙人情化，使人能从中重新体验宇宙人生的情感价值。中国艺境之追求“气足神完”，而不斤斤计较于形体的逼真、精确，就是因为有这一“象”的范型作其张本。关于“象” 的结构及其向审美领域的转移，是需要专门探讨的问题，拙著《意象探源》曾初步涉及，本文于此不赘。

总之，宗先生关于艺境的宇宙论和本体论解说，凝聚了多向度、多层面的哲学沉思，自具其内在逻辑。虽不能说已尽艺境之秘，却至少揭开了艺境神秘帷幕之一角。

二

艺境既是道体与心性之体相互通贯的表征，艺境的创构，从主体（心性）方面说，便是以人的生命反观宇宙生命，以人的生气旋律推及宇宙万物，从而

---

① 《宗白华全集》第1卷，第626页。

② 《宗白华全集》第1卷，第636页。

③ 《宗白华全集》第1卷，第643页。

抒写艺术家生命体验、宇宙情怀的过程。

> 艺术意境不是一个单层的平面的自然的再现，而是一个境界层深的创构。从直观感相的模写，活跃生命的传达，到最高灵境的启示，可以有三层次。①

这三个层次，宗先生又称之为“写实（或写生）的境界、传神的境界和妙悟的境界”。② 三层次相互承接，逐一递进，活泼玲珑，渊然而深。中国传统的艺术理论并不很讲究写实主义、形式主义、理想主义种种区分，就因为它所追求的境界，不论在何种层面，都指向主客观的交融互渗，现实与理想的有机统一。

“‘静照’（contemplation）是一切艺术及审美生活的起点。”③所谓“静照”，即“静观寂照”，指艺术家暂时摒绝一切俗念与俗务，以“虚静”的心胸，面对万物，以全整的生命与人格情趣赏玩具体事物的色相、秩序、节奏、和谐，借以窥见自我深心的反映，由此形成审美意象，此为第一层境。宇宙生命流变不居，“一切无常，一切无住，我们的心，我们的情，也息息生灭，逝同流水。向之所欣，俯仰之间，已成陈迹”④，单凭感官印象，无法把握瞬息万变的生命现象，唯有以虚静的心胸，清明的意志，于“静照”之中，方能发现其变中之常、动中之静（即古人所云“同动谓之静”），将其纳入“静的范型”——“象”。这样，纷杂的印象才化为有序的景观，支离的物象才化为整全的意象，宇宙生命才被赋予应有的形式。

然而，同为“静照”，中西艺术却因时空观念的差异而各具不同的观物方式。西方注目于抽去时间一维的几何空间，习惯于以固定视点视线观赏物的体积；中国则注目于时间化的空间，更侧重以往复流动的视点视线观赏物在运动中的生命节奏，感受它的生命情态，生机生气。宗先生标举“俯仰往还，远近取与”这八个字，颇得中国人观物方式的要义。

“静照”是艺境创构的起点，还不是它的全程。艺术家还必须“于静观寂照中，求返于自己深心的心灵节奏，以体合宇宙内部的生命节奏”⑤。于是，写

---

① 《宗白华全集》第 2 卷，第 365 页。
② 《宗白华全集》第 2 卷，第 385 页。
③ 《宗白华全集》第 2 卷，第 277 页。
④ 《宗白华全集》第 2 卷，第 9 页。
⑤ 《宗白华全集》第 2 卷，第 109 页。

实之外,更有传神、妙悟二层境。

传神,即活跃生命的传达,其实是意象返回于艺术家内心,使事物生命节奏与艺术家心灵节奏交相感应,景(意象)与情(心灵节奏)交融互渗在艺术上的表现。一层比一层更深的情,透入一层比一层更晶莹的景,"景中全是情,情具象为景",于是有气足神完之境。

宗先生提出"求返于自己深心"这一点,确是中国艺术很可注意的特异处。照康德,空间是"外部经验"的直观形式,时间则是"内部经验"的直观形式。杜诗所称"乾坤万里眼,时序百年心",正谓万里空间得之于眼,百年时序验之于心。中国美学既持"以时统空"的时空观,景之观赏,必随之归返内心体验。时间的体验就是生命的体验。情景的交融互渗,便将艺术家的生命体验融会于意象。于是,意象便不止于描摹出事物的生命姿态,那只是写实;能进一步表现出艺术家的生命感,方谓之传神。

因而毫不奇怪,在审美的情景交融上,中国和西方会有着全然不同的解释。发源于泛神论的"移情"说,主张艺术家以天才的心灵将生命之气("神灵的气息")灌注于对象,是静照所得的意象拟人化,从而获得情感意义。这一"生气灌注"论,由赫尔德首先发轫,在康德、黑格尔美学中均有所承传,后经费肖尔父子发挥,至立普斯便总结为"移情"说,主张自我人格的欣赏。在西方美学中,对象物常常只充当接受自我情感投射的消极容器。

基于气论的中国美学对此有另一番解释。它确认万物与人同出自阴阳二气化生,各秉有自身生命,自身节奏。审美中心物之间的关系,不复是机械力的作用与反作用(刺激与反应),亦不复是心对物的单向投射(移情),而构成二者的双向交流,交互感应。《文心雕龙·物色》所谓"目既往还,心亦吐纳","情往似赠,兴来如答",正是对此所作的绝好描述。作为双向交流的成果,从物的方面来说,是"化景物为情思",化实为虚,把意象化作主观的表现;就心的方面说,则可谓"化情思为景物",抟虚为实,使主观情思得以客观化。在中国美学里,意象与情感、景物与情思,从来不断为两橛,于是,作为情思与景物结合体的意象,便生生不息而递升到更高层次,足以传神。

妙悟的境界,是无形无象,超越经验的形而上境界。它不能直接描述,却可借意象加以象征,加以暗示。这就是老子所谓"大象无形"的"大象",中国美学习称的"象外之象"。宗白华先生认为,这一"大象",乃中国生命范型的最高层次。在这个意义上,“象即中国形而上之道”①。这个“象”,实为天地境界的象征。

象征,是中西哲学,美学共用的术语。中国诗学倡言“比兴”,易学倡言“触类可为其象,合义可为其征”(王弼:《周易略例·明象》),都承认形下之象,有喻示、暗指难言之情乃至玄秘之理的功能。这与西方美学所指的象征,功能仿佛。康德以为对美的事物、崇高事物的观赏,可以通过“类比”关系,唤起道德的自由感和对自身使命的崇敬感,所以“美是道德的象征”。“如果特殊表现了一般,不是把它表现为梦或影子,而是把它表现为奥秘不可测的东西在一瞬间的生动的显现,那里就有了真正的象征。”②歌德此语,指出了这个相似点。

虽然如此,中西美学的象征论,仍有所差别。一般说来,西方美学主张审美理想只由人所独占,“在植物和无生命的自然里就简直不存在”③。他们并不关心自然事物的生命和宇宙生命本体的关联,不承认自然景物的观赏可以不经人格化直接过渡到天地境界。即使像康德那样,承认自然界的崇高事物可以激发人的道德理性力量,但那也是通过“暗换”作用实即“移情”作用,才具备象征意义。就是说,对于自然事物,象征须以人格化为前提,这颇类似于中国先秦时期的“比德”观念。但魏晋之后,中国已形成自然美的“畅神”观,确认自然事物有自身的生命情态,毋须经过人格化而直接与人的生命体验沟通,自显其审美价值。艺术家面对茫茫宇宙,渺渺人生,“大以体天地之心,微以备草木之几”,自然万物,大到宏观宇宙,小到一花一叶,一虫一鱼,都可以跟艺术家至动而有韵律的心灵求得交感与共鸣。艺术家亦可从中发现生命运动的精微征兆,揭出各自的一段诗魂。当中国人从美的形式中悟出形而上的宇宙秩序(“生生而有条理”),感受到宇宙生命一如伟大的艺术作品,体悟到“天地与我并生,万物与我为一”,逍遥无系,从而体验到精神的大超越,大解脱,这便是妙悟之境。可见,中国美学的所谓象征,实是一种“证悟”或“证

① 《宗白华全集》第1卷,第626页。

② 歌德:《关于艺术的格言和感想》,转引自《朱光潜全集》第7卷,安徽教育出版社1991年版,第69—70页。

③ 莱辛:《关于〈拉奥孔〉的笔记》,《朱光潜全集》第17卷,安徽教育出版社1997年版,第210页。

人”,即以艺术家的心灵节奏去“体合宇宙内部生命的节奏”,以有限证无限,以形下证形上,这显然是一种广义的象征。

以艺境层深创构论为制高点,反观中国固有艺术,其特殊审美风格立即显露于眉睫之前。宗先生正由此而发现中国山水花鸟画有特殊的心灵价值,可与希腊雕刻、德国音乐并立而无愧①。他通过中西绘画的对比,对中国山水画艺境展开解说,尤能呈示他的睿智与卓识。

西方绘画起源于建筑与雕塑,重视体积,以几何透视为构图法则,创造出“令人几欲走进”的三进向空间。中国画起于甲骨、青铜、砖石的镌刻,主张“舍形悦影”,“以线示体”,甚至主张“无线者非画”,线条成为绘画的基本手段;它“以大观小”,其透视法是:“提神太虚(宗先生释‘太虚’为‘无尽空间’,与太空、无穷、无涯同义),从世外鸟瞰的立场观照全整的律动的大自然,他的空间立场是在时间中徘徊移动,游目周览,集合数层或多方的视点谱成一幅超象虚灵的诗情画境。”②其结果,不是如西方可以走进的实景,而是“灵的空间”,是节奏化、音乐化了的“时空合一体”。由此,宗先生确定了中国绘画的两大特点,一是引书法入画法,二是融诗意诗境于画,既阐明中国绘画趋近音乐舞蹈,通于书法,抒情写意的风格特殊性,又驳斥了某些西方学者以中国绘画为“反透视”的妄断。

中西绘画都力求突破有限空间而向往无尽,但两者心态迥异。西方画家竭力向无穷空间奋勉,但往而不返,或偏于科学理智,或彷徨失据而茫然不宁,物我之间仍存某种对峙而不能相契相安。中国画家则以抚爱万物的情怀,目极无穷而又返回自我深心,俯仰往还,远近取与,由有限至无限,又复回归于有限,形成“无往不复”的回旋节奏。于是,宇宙生命节奏与自我深心节奏得以和谐共振,通过点线交错的自由挥洒,化为一种音乐的谱构。我们向往无穷的心由返归有限而得以安顿,我既“纵身大化,与物推移”,物亦自来亲人,深慰我心,宗先生提出中国山水画深潜的人与自然的亲和关系,解开了中国山水之美的发现、山水诗画兴起何以如此之早的难解之谜,也为我们理解这一艺术传统的现代意义,提供了有益的思路。

---

① 《宗白华全集》第2卷,第342页。

② 《宗白华全集》第2卷,第110页。

三

“艺术的境界主于美”，但艺术不只具有审美价值，而且有对人生的丰富意义，有对心灵深远的影响。尤其是妙悟的境界，更有着启示价值，能向人启示宇宙人生的最深层意义。艺术境界引入“由美入真”、“由幻入真”，这是一种非通常语言文字、科学公式所能表达的“真”，而是由艺术的“象征力”所能启示的真实。“这种‘真’的呈露，使我们鉴赏者，周历多层的人生境界，扩大心襟，以至与人类的心灵为一体，没有一丝的人生意味，不反射在自己的心里。”①于是，宗先生将艺境的功能，归结为对宇宙人生的深层体验，对人生意义的价值追求，积极进取的人生态度，最终指向自由人格的建构。

早在“五四”期间，为着培育“少年中国精神”，宗先生便倡导一种“艺术式的人生”。期待当时的青年把自己的一生当作艺术品似的去创造，使之如歌德一生那样，优美、丰富，有意义，有价值②。实现艺术式人生的有效途径是审美教育。照席勒，审美教育的宗旨便在教人“将生活变为艺术”。所以，从宗先生提出“艺术式的人生”之日起，就意味着他将以审美教育作为自己的人生选择。

通过审美和艺术，实现必然与自由、理性与感性的协调一致，进而培育自由意志，建构自由人格，是德国古典美学的主旨。不论是歌德、席勒或黑格尔，都十分珍视审美作为无功利、非逻辑的自由活动那种令人解放的性质，把它看成是道德自由的预演或象征。“人只有不考虑享受、不管自然界强加给他什么而仍然完全自由行动，才能赋予自己的存在作为一个人格的生存的绝对价值。”③审美与艺术活动，正是进达这种道德自由境界的津梁。

宗白华深受德国古典美学的熏陶，认为培育健全的人格，需树立“超世入世”的人生态度。所谓“超世”，并非忘怀世事乃至不食人间烟火，而是不以个我荣辱得失萦怀的洒脱和旷达胸襟。以此胸襟做入世的事业，就不致被现实

① 《宗白华全集》第2卷，第72页。

② 《宗白华全集》第1卷，第194页。

③ 康德：《判断力批判》上卷，译文引自邓晓芒：《冥河的摆渡者——康德的〈判断力批判〉》，云南出版社1997年版，第141页。

的利害关系网所系縻,而能放出高远的眼光,焕发坚韧的毅力而勇猛精进。宗先生曾这样赞许古来圣哲:"毅然奋身,慷慨救世,既已心超世外,我见都泯,自躬苦乐,渺不系怀,遂能竭尽身心,以为世用,困苦摧折,永不畏难。"①这其实是对审美功能的绝妙表述。"心超世外,我见都泯",类似于审美的非功利非逻辑态度,这种态度可引人入于理想境界而焕发出宁静致远的精神力量,故能"竭尽身心,以为世用"。这种感发人心,涵养精神的过程具有潜移默化的长远效应。这和康德所向往的道德自由境界("绝对的善"),别无二致。

和德国哲人侧重从艺术教育引向道德自由不同,宗白华更强调这种"超世入世"态度可同时在"大宇宙自然界中创造"。在他看来,中国人向往天地之"大美",忘情于山光水色,虽为求心灵的安慰与寄托,却不仅仅是安慰和寄托。如上文已述,中国人纵身大化,"上下与天地同流",便能从宇宙生命的创化过程中汲取力量,使心胸如宇宙般宽广,意志如大自然一样清明,而创造,一如阴阳互动之道,生生而不息。因此,宗先生在艺术中特别推重山水诗画的艺境,充分肯定其启示人生的价值意义,涵养健全人格的普遍功能。这一艺境,作为宇宙节奏与心灵节奏的交响曲,既空灵而自然,又引人向往宇宙的无尽与永恒,探入宇宙生命节奏的核心,壮阔而幽深。"艺术的境界,既使心灵和宇宙净化,又使心灵和宇宙深化,使人在超脱的胸襟里体味到宇宙的深境。"②艺境于心灵的影响,于人格建构的作用,至深至微,精妙难言,却得之于宗先生这寥寥数语。难道中国艺术家"洗尽尘滓,独存孤迥"的洒落心胸,不能启示我们挣脱个我得失荣辱的牵绊?难道他们出没太虚,与大化同流的悟悦,不能拓展我们的襟怀气魄?难道他们呼应着宇宙创化伟力而解衣般礴的自由挥洒,不能激发我们去奋发追求、不断创造?难道他们抚爱万物的深情,不能唤起我们对自然对人生的诚挚爱心?……这一切,尽可归结为心灵的净化与深化,足以为健全人格的建构,提供一个重要支点。

在宗先生心目中,他叹赏备至的"晋人的美",正是中国古代艺术与人格交相辉映、两全其美的典范。晋人不仅创造了众多艺术的美——诗的美、画的美、书的美、乐的美,而且发现了自然山川之美,成就并高扬了人格之美。魏晋

---

① 《宗白华全集》第1卷,第24页。

② 《宗白华全集》第2卷,第376页。

玄学，冲决了汉人乡愿主义和名教的樊篱，带来空前的精神解放，带来个体人格的觉醒，进而滋养了赏爱自然的敏感心灵。"晋人向外发现了自然，向内发现了自己的深情。"①他们将自然山水虚灵化，情致化，中国山水画的意境，已得之于山水游赏。他们发现并肯定自身的个性价值，自由潇洒，任性不羁，涵养成一种"艺术心灵"。这心灵，意趣超越，活泼天真，具有"事外有远致"的力量，"扩而大之可以使人超然于生死祸福之外，发挥出一种镇定的大无畏的精神"②，一如谢安泛海的临危不乱，嵇康临刑的从容赴死。晋人既拥有这自由的精神人格，他们的艺术也便成了这一人格的表征。唐人张怀瓘以十六字评王献之书法，叫做"情驰神纵，超逸优游，临事制宜，从意适便"。宗先生特意拈出，以为此语"不但传出行草艺术的真精神，且将晋人这自由潇洒的艺术人格形容尽致"③。晋人艺术与晋人人格关系如此，晋人艺术境界于后世人格建构的审美教育意义，也就不言而喻了。

中国艺术意境，流荡着勃郁沉潜的宇宙生命，跃动着超迈而莹透的文人心灵。宗先生诚然深知这已属于过去，属于传统，但他仍然那样为之心醉，为之沉迷，他为这一传统在中国近代的失落而深自痛惜，而愿时时反顾这"失去了的和谐，埋没了的节奏"，以"承继这心灵"为"深衷的喜悦"。

这又当如何评价呢？

宗先生绝不是文化艺术上的狭隘的民族本位主义者或国粹主义者。回顾传统，探本穷源，绝不教人去简单地回复那"失去了的和谐，埋没了的节奏"，退到古代，沉湎古代，而是为了从中汲取力量，以作"远征未来的准备"。从他立志建设"少年中国精神"之日起，"中国文化精神应往哪里去"、"西洋文化精神又要往哪里去"这两大问题，始终让他惆怅难安、沉思不已。正是在这两个问题的交叉点上，宗先生发现了中国传统的审美理想所保有的现代价值。

西方文化发现和掌握着科学权力的神秘，试图以科技统治自然，统治人类，不但带来全球性的两次战争灾难，也使人自己接受科技的奴役而面临机械化、无情化的危险；在近代中国，则因中国文化长期轻忽科学工艺的权力而自陷贫弱，以致频受他人的侵略与欺凌，自身"文化的美丽精神也不能长保"。

---

① 《宗白华全集》第 2 卷，第 275 页。

② 《宗白华全集》第 2 卷，第 278 页。

③ 《宗白华全集》第 2 卷，第 273 页。

那么怎么办？宗先生纵览东西文化史，寄希望于全人类的“文艺复兴”。他提出，自然与文化本是一个完整的宇宙生命的演进历程，“自然”是文化的基础。但在人类文化发展上往往表现为“进于礼乐”（孔子）和“返于自然”（老庄）的对立趋向。只有在那“健硕的向上的创造时代”，人们才致力于自然与文化的调合，使人类创造的过程符合于自然底创造过程，使人类文化成为人类的艺术（不仅是技术），因而在古希腊文化、中国古代的六艺文化以及德国古典时期的歌德、席勒为中心的文化运动中，“艺术”都占据了全部文化的中心。这是一种理想的文化类型。宗先生对重新追求自然与文化的和谐统一，在全人类复兴这一理想文化，充满着信心：“固然历史是永不会重演的，而‘文艺复兴’在相当意义上，不是不可能的。”①

这是宗先生五十多年前的梦想，也是20世纪国内外许多有识之士的梦想。正是怀着这种梦想，宗先生断言中国美学的基本精神、中国艺术境界所指向的是文化与自然的调合，人与自然的和谐统一。于是，中国艺术遂成为“中国文化史上最中心最有世界贡献的一方面”。②

能说宗先生这个梦想是虚无缥缈的空中楼阁吗？能说它在世纪之交的今天已经无关紧要甚至过时了吗？不能。相反，日趋严重的全球生态危机和环境危机感，西方文化的生存危机感，都促使人们更为关切，更为向往文化与自然的调合。而在今日中国，虽然现代化事业还刚刚开头，但普遍的生态失衡和环境恶化已日益向我们迫近；在价值观念的转换途中，也出现了人文价值失落的问题。在日益更新的科技工艺文明条件下，自然和文化的关系如何调整到协和一致，也依然值得密切关注。而只要这些问题还有待解决，只要我们还期望下个世纪出现“健硕的向上的创造时代”，那么，中国艺术和美学精神的意义就不会丧失，宗先生境界美学的生命力便会历久而弥新。

（原载《安徽师范大学学报》1999年第1期）

---

① 《宗白华全集》第2卷，第320页。
② 《宗白华全集》第2卷，第359页。

后　　记

本书虽说准备有年，写来仍觉匆匆。最感困难者，是如何将宗先生的诗性思考转换为学理叙述。先生历来惜墨如金，本色是位诗人，所作不论长篇抑是短制，即或三两百字的“编后语”，都那样诗意葱茏，犹如醇酒。诗心本应以诗心相对，而诗才不足如我者，却妄自对先生的美文臆为解读，难免如酒中羼水。如果读者感到，本书从宗先生充满感悟的诗语中生硬剥离他的学理，以致肢解了他美学的鲜活生命，那只好对宗先生说声“对不起”，也只好请读者原谅了。

本来出版社给了我一年的属稿期限，对于这样一本篇幅不大的小书，时间应该是充裕的。可惜，因为家中有卧病的老人需要照顾，宿疾颈椎炎又时来相扰，而肩负的教学工作又不可耽误，只好时作时辍，进度颇不理想。眼看交稿期限日益促迫，我只好请一位年轻朋友，也跟我一样喜爱宗白华美学的桑农先生帮忙。按照全书统一构思，他撰写了本书的八、九、十章。本书能如约交稿，深赖桑君冒着酷暑鼎力相助。

这本小书，也是在同道者关心、鼓励和鞭策下完成的。同事多年的朱良志、陈文忠、李平先生，都在共同指导研究生的过程中跟我多次交换读宗心得，本书的写作和出版，曾得到他们可贵的支持和帮助。远在北国的杨恩寰先生，更在书信往还中跟我反复讨论过宗白华美学，有时通起电话，也离不开这方面的话题。早年从我问学的韩德民、李耀南二君，分别多年，又远在外地，也关注本书的写作，每有联系，总不忘问及进展情形，使我受到无形的鞭策。宗先生的高足林同华先生，更在一个风雨之夜把我从公共汽车站迎到他的寓所，跟我谈宗先生的美学直至夜深。我想，这些同道者的关心、鼓励和鞭策，不仅出于我们间的私谊，也出于彼此间对宗白华美学研究的一片赤诚，出于对宗先生道德文章的由衷敬重。

作为附录辑入的论文《中国传统美学的现代转换》，原为1996年一次学术研讨会所作。文中概述了我对宗白华美学的一些主要看法，如读者所见，这些看法构成了本书的大致框架。之所以在标题上特别标明“现代转换”，与其说是对当时声动学界的“现代转换”口号的响应，毋宁说是一种论辩。我不大赞成将“现代转换”说成是“石破天惊”的新创之举，而主张如实地把它看成20世纪“中西古今”之争中学界已有的一种文化选择，一种文化上的自然进程。如果要说“现代转换”，那么，从“美学”一语传入中国，人们借助西方学说重新考察中国艺术传统那天起，这个进程便实际上开始了。以为在某一时段，人们便可治好“失语症”的想法，也嫌过于急躁，因为中国传统美学（含传统文论）的现代化建设，是一个漫长的、需要好几代人艰苦努力才能奏效的巨大工程。而宗先生的遗著，特别是他对中国传统艺境的现代阐释，正是我们从事这项伟大工程的范导性尝试。这是论文没有说明的一点“弦外之音”，趁本书出版的机会，也向读者作一交待。

汪裕雄

2001年9月11日

于安徽师范大学诗学研究中心